Ruth Urban & Tanja Klein
Erfolg durch Positionierung
Im Traumberuf Coach und Trainer auf dem Markt bestehen

„Im lockeren Dialog-Stil erklären Tanja Klein und Ruth Urban, wie Coachs ein Profil finden, um sich erfolgreich am Markt zu positionieren. Dabei geht es nicht um ‚böses‘ Marketing, sondern um eine authentische Darstellung. Das Buch werden nicht nur neue Coachs mit Gewinn lesen.“

Christopher Rauen, Dipl.-Psych., Senior Coach DBVC,
Lehrbeauftragter sowie Leiter der RAUEN Coaching-Ausbildung

www.junfermann.de

blogweise.junfermann.de

www.facebook.com/junfermann

twitter.com/junfermann

www.youtube.com/user/Junfermann

RUTH URBAN & TANJA KLEIN

ERFOLG DURCH POSITIONIERUNG

IM TRAUMBERUF COACH UND TRAINER AUF DEM MARKT BESTEHEN

MIT PRAXISBEISPIELEN UND ÜBUNGEN
ZUR SELBSTPOSITIONIERUNG

Vorwort von Ann-Marlene Henning

Junfermann Verlag
Paderborn
2016

Copyright	© Junfermann Verlag, Paderborn 2016
Coverfoto	© nonicztego – Fotolia
Covergestaltung / Reihenentwurf	Christian Tschepp
Satz & Layout	JUNFERMANN Druck & Service, Paderborn

Bibliografische Information der Deutschen Nationalbibliothek	Die Deutsche Nationalbibliothek verzeichnet diese Publikation in der Deutschen Nationalbibliografie; detaillierte bibliografische Daten sind im Internet über http://dnb.d-nb.de abrufbar.

ISBN 978-3-95571-484-0
Dieses Buch erscheint parallel als E-Book.
ISBN: 978-3-95571-534-2 (EPUB), 978-3-95571-535-9 (MOBI),
978-3-95571-536-6 (PDF).

Für meine wunderbare Mutter

Vielen Dank, dass Du immer für mich da bist!
Du bist ein großes Vorbild für mich.

(Tanja)

Für Tanja

(Ruth)

Inhalt

Vorwort:
Stecknadel oder Patchworkdecke?

Als die Vorwortanfrage per handgeschriebenem Brief ins Haus flatterte, war ich erst mal überrascht und gleichsam geehrt. Tanja Klein und Ruth Urban meinten, ich sei „authentisch positioniert"! Sie trieb der Gedanke um, dass die richtige Position im Beruf *und* in der Liebe durchaus den entscheidenden Wohlfühl-Unterschied machen kann. Sie sahen in mir eine gute Verkörperung dieser Message, weil auch ich in den letzten 20 Jahren vielen verschiedenen Tätigkeiten voller Freude nachgegangen bin und für den Außenauftritt entscheiden musste: Zeige ich mich als Moderatorin, Therapeutin oder Sexologin? Wer meine Bücher und Filme kennt, weiß, dass ich mich für das Letztgenannte entschieden habe und dieser Weg der absolut richtige für mich war und ist.

Fast ein Jahr nach der Anfrage war es dann so weit, ich durfte das fertige Buch lesen. Zugegeben: Die Gesprächsform des Buches – immer wieder Namen am linken Textrand, Ruth, Tanja und andere – überraschte mich. Allerdings hatte ich mich schon nach wenigen Seiten daran gewöhnt, und nicht nur das, ich bekam auf einmal das Gefühl, persönlich angesprochen zu werden.

Ruth und Tanja verführten mich leicht und spielerisch dazu, über meine Darstellung zu sinnieren, obwohl doch bei mir alles bestens läuft und ich klar positioniert bin! Immer wieder wirbelten mir Fragen zu meiner Arbeit durch den Kopf. Worum geht es mir wirklich? Wer bin ich hauptsächlich? Wohin will ich? Mit wem?

Dabei wollte ich doch nur das Vorwort schreiben!

Die Tipps und Tricks, mit denen ich vielmals aufgefordert wurde, über mich nachzudenken, und die nachvollziehbaren Übungen, häufig mit Abbildungen untermalt, die mit einem Blick deutlich machten, worum es geht, ließen mich neugierig und aufmerksam weiterlesen.

Dazu die realen Beispiele und Interviews im zweiten Teil des Buches. Spätestens dann wollte ich mich selber genauso „aufstellen": Bin ich ein Stecknadeltyp? Oder führen meine Talente eher in Richtung eines „Patchwork-Auftritts"? Daraus lernt jeder etwas – ganz nebenbei. Ein tolles Gefühl, wie sich im Laufe des Buches meine Gedanken immer mehr konkretisierten. Der rote Faden leuchtet jetzt deutlich klarer.

Mein Fazit: Dieses Buch macht Arbeit!

Es lohnt sich, mit Ruth und Tanja zu „reden", gleich schon in diesem Buch!

Ich selbst freue mich darauf, die eine oder andere Übung bei meinen Klienten in der Praxis einzusetzen.

Ann-Marlene Henning
Sexologin

Wie ist es zu diesem Buch gekommen?

TANJA: Um dies sehr plastisch zu zeigen, starten wir direkt mit einer kleinen Geschichte: Der sehr unglückliche Klient „Hugo Hahn" kommt zum Coach und es entwickelt sich folgender Dialog:

> **COACH:** Guten Tag Herr Hahn! Wie schön, dass Sie heute hier sind! Was kann ich denn für Sie tun?
>
> **HUGO HAHN:** Hallo Frau Coach! Meine Frauen sagen immer: Ich würde von früh bis spät nur rumschreien und auf dem Mist herumstolzieren.
>
>
>
> **COACH:** Das hört sich ganz nach einem Kommunikationsproblem an. Wissen Sie, es ist sehr wichtig, dass man gewaltfrei kommuniziert. Da empfehle ich Ihnen mein Seminar nächstes Wochenende!
>
> **HUGO HAHN:** Ach so! Und ich dachte, ich bin einfach nur einsam! Wissen Sie: Mein Vater kommt aus der Legefabrik und meine Mutter vom Lande und meine Geschwister wurden geschreddert.
>
> **COACH:** Das war bestimmt sehr schlimm für Sie. Ich würde gerne Ihre Kindheit in fünf bis zehn Einzelsitzungen mit Ihnen aufarbeiten. Haben Sie nächsten Mittwoch Zeit?
>
> **HUGO HAHN:** Da kann ich leider nicht. An diesem Tag habe ich einen Termin bei der Farb- und Stilberatung, um optisch besser bei den Ladys anzukommen.
>
> **COACH:** Ach, auch das können Sie gerne direkt bei mir machen. Dafür bin ich ebenfalls ausgebildet.

RUTH: Vielleicht können Sie an diesem etwas überzeichneten Dialog mit unserem armen Hugo Hahn erkennen: Wenn man als Coach so ein breites Spektrum anbietet, ist das irritierend. „Ich kann alles" wird dann aus Kundensicht schnell zu: „Der kann nichts." Wann immer ich Coachs frage: „Wen kann ich zu Ihnen schicken?", erhalte ich Antworten wie: „Eigentlich jeden! Ich kann mit meinen Methoden allen helfen." Dann weiß ich aber immer noch nicht, wen ich optimalerweise wohin empfehlen kann, und keiner der Kollegen hinterlässt mit seinem Profil einen bleibenden Eindruck.

Um vom Coaching leben zu können, wird es immer wichtiger, sich gut zu positionieren. Jeden Tag kommen neue Coachs auf den Markt. Da braucht man ein eindeutiges Profil, um sich zu behaupten. Allerdings habe ich dennoch zwei Jahre gebraucht, um Tanja von der Buchidee zu überzeugen ☺.

TANJA: Und das hast du nur durch deinen genialen neuartigen Positionierungsprozess geschafft! Durch diesen habe ich nicht nur eine Positionierung für meinen Beruf, sondern eine Positionierung fürs Leben gefunden! Vorher wusste ich gar nicht, was mich unbewusst eigentlich zu meiner Arbeit antreibt. Ich dachte vorher, dass es schon genügend Bücher zu diesem Thema gibt. Es sind aber anscheinend nur wenige, die Coachs gerne lesen …

RUTH: Ich nerve dich ja schon lange mit dem Thema. Wir haben ja quasi das Grundlagenbuch (dieses hier) nach dem weiterführenden Buch (Coach, your Marketing) geschrieben. Als die Professionalisierung der Branche fortschritt und Menschen wie Luzia Hofmann sahen, dass da noch andere Fragen „lauern" – da hatte ich das Gefühl: Jetzt oder nie!

LUZIA HOFMANN: Ich hatte mich mehr als ein Jahr mit meinem Marketing abgemüht, euer Buch dazu gelesen und trotzdem nicht so recht gewusst, was ich tun und in welcher Reihenfolge ich vorgehen soll. Gefühlt stand immer etwas im Weg. Klar: Ich wusste einfach nicht, wofür ich eigentlich Marketing machen sollte! Deshalb habe ich euch angerufen.

TANJA: Ich erinnere mich noch gut an Luzias Text auf ihrer ersten Visitenkarte: „Coaching für Menschen". Im ersten Augenblick rutschte Ruth da die etwas unfreundliche Bemerkung raus: „Für wen denn sonst?"

LUZIA: Ich hatte vorher schon zwei Unternehmensberater mit diesem Thema beauftragt. Die Verbindung zum ersten habe ich gleich nach dem ersten Gespräch wieder „gekappt"; vom Gefühl hat er einfach nicht gepasst. Der zweite ist klassisch rangegangen: Welches Produkt habe ich? Wo ist die Nachfrage? Danach wollte er alles ausrichten. Aber er hat mich dabei nicht als Person gesehen.

Und das war bei Ruth anders. Hier gab es nicht nur eine Positionierung für den Job, sondern auch Klarheit. Was ist für mich wichtig? Was will ich weitergeben? Was ist mein Herzensding? Es war sehr wertvoll, mich einmal so mit mir selbst zu beschäftigen und mit meinen Werten – und nicht immer nur mit meinen Klienten! Für die Positionierung haben wir das noch mal spitz herausgearbeitet. Wenn ich die Positionierung habe, geht das Marketing fast wie von alleine.

TANJA: Und genau das wünschen wir auch Ihnen, liebe Leser! Vorher noch ein wichtiger Hinweis, denn wir wollen uns nicht mit fremden Federn schmücken! In diesem Buch haben wir eine Vielzahl echter Praxisbeispiele aufgeführt. Längst nicht alle in diesem Buch vorgestellten Coachs wurden von uns bei ihren Marketingerfolgen unterstützt. Ob wir jeweils einen Anteil hatten, geht aus den Texten und Interviews hervor.

Für wen ist das Buch geeignet:

Auch wenn wir um der Lesbarkeit willen oft nur den Begriff Coach verwenden, so ist dieses Buch gleichfalls für selbstständige Trainer geschrieben. Zwei von drei Coachs bieten auch Trainings an (2. Marburger Coaching-Studie 2011[1]), und unsere Beispiele tragen dem Rechnung. Auch für Menschen in Umbruchssituationen oder bei der Suche nach Ausstiegsoptionen aus einem nicht erfüllenden Job mag die Lektüre hilfreich sein – wenn auch gefährlich ☺

Unser Ziel ist es nämlich, dass auch Arbeit glücklich macht.

TANJA: Wie das geht, zeigen wir Ihnen auf den folgenden Seiten. Viel Spaß!

---

1 ↗ http://www.coaching-report.de/news/detail/2-marburger-coaching-studie.html

1. | Wie und warum man Sie als Coach oder Trainer auswählt

TANJA: Wann immer ich meiner Mutter von meiner Arbeit erzähle, sagt sie kopfschüttelnd: „Woher kommen nur immer die ganzen Leut'?" Es ist für sie – und auch für viele meiner Kollegen – völlig unverständlich, wie es möglich sein kann, alleine vom Coaching zu leben. Und das auch noch im Bereich der privat zahlenden Kunden! Nachdem dies für mich seit Jahren Realität ist, möchte ich Ihnen gerne weitergeben, wie das geht und was das mit Ihrer Positionierung zu tun hat.

RUTH: Gute Coachs und Trainer werden gebraucht und händeringend gesucht. Dafür muss man sie aber finden können.

TANJA: Mir gibt das die Möglichkeit, jetzt endlich auch die Frage meiner Mutter vollständig zu beantworten: Auf welchen Wegen kommen Kunden zu mir? Und: Wie wählen meine Kunden mich bzw. Sie als Coach aus?

1.1 „Wo das Suchen endet, beginnt das Finden" – die vier Wege

RUTH: Auch wenn es sehr viele verschiedene Wege gibt, einen Coach zu finden, und die Kombination vieler Wege oft mehr nach Zufall als nach Marketing aussieht: Das Internet ist mittlerweile Dreh- und Angelpunkt für alle, die etwas suchen.

1.1.1 *Sie werden namentlich gesucht oder direkt angerufen*

TANJA: Das ist natürlich der schönste Weg, da hier die Wahrscheinlichkeit am höchsten ist, dass Sie auch einen Auftrag vom Kunden erhalten. Der Interessent hat schon von Ihnen gehört und googelt Ihren Namen.

Ich habe das Glück, dass ich bei der Suche direkt auf Platz 1 erscheine, obwohl weder der Vorname Tanja noch mein Nachname Klein so extrem selten in Deutschland vorkommen. Und warum werde ich trotzdem so schnell gefunden? Wegen meiner jahrelangen Marketingarbeit.

Die meisten Kunden, die nach Ihnen im Internet suchen, werden das mit dem Zusatz „Coach" oder „Trainer" tun, wodurch die Wahrscheinlichkeit steigt, direkt auf Ihrer Seite zu landen. Aber wie kommt es dazu, dass man Sie direkt namentlich sucht?

Vielleicht hat der potenzielle Kunde …

a. von einem Kunden oder Freund persönlich eine Empfehlung bekommen, sich an Sie zu wenden;
b. ein Print-Werbemittel wie z. B. einen Flyer von Ihnen gesehen;
c. in einem Ihrer Seminare, Vorträge oder Workshops gesessen;
d. ein Buch oder einen Fachartikel von Ihnen gelesen oder auch etwas über Sie gelesen;
e. Sie auf einem Messestand gesehen;
f. Sie im Fernsehen gesehen;
g. Sie zufällig persönlich kennengelernt.

Ruth: Die Voraussetzung für Punkt a ist, dass Sie als Coach gute Arbeit leisten – und davon gehen wir jetzt einfach mal aus! Bei fast allen anderen Punkten müssen Sie schon etwas „Marketing-Fleißarbeit" geleistet haben.

1.1.2 Sie werden im Internet aufgrund Ihres Berufs und Ihrer Methoden gesucht

Tanja: Häufig werde ich gebeten, einen guten Coach in einem bestimmten Ort weiterzuempfehlen. Und wie selektiere ich als begeisterter wingwave-Coach den Markt? Natürlich suche ich im Netz nach den Methoden, die ich für zielführend halte, und verbinde das mit dem Ort: zum Beispiel „wingwave" und „Köln". Falls ich keinen Coach vor Ort persönlich oder namentlich kenne, schaue ich mir für ein paar Sekunden Websites von wingwave-Coachs an. Dabei habe ich ein besonderes Augenmerk auf das Foto! Wer sympathisch und professionell „rüberkommt", wird von mir als Coach weiterempfohlen. Mehr dazu gleich in Kapitel 1.2.

Unsere Kunden suchen uns jedoch eher selten nach unseren Methoden aus, und auch die Personalentwickler großer Firmen haben keine Zeit, hier tiefer einzusteigen. Eine große Ausnahme sind Weiterbildungseinrichtungen: Diese Zielgruppe weiß oder möchte sehr genau wissen, was gelehrt wird und was Sie in Training oder Workshop einsetzen. Sie suchen unter Umständen auch ganz gezielt nach Trainern, die Lücken im Methodenangebot schließen. Üblicher ist das nächste Kriterium:

1.1.3 Sie werden im Internet aufgrund Ihres Berufs gesucht und wegen des Ortes, an dem Sie tätig sind

RUTH: Die häufigste Art, wie Tanja im Internet gesucht und gefunden wird, ist sicherlich die Suche nach „Coach" bzw. „Coaching" und „Bonn". Und jetzt kommt der Punkt, weshalb viel Geld für Google AdWords ausgegeben wird: Es ist sehr wichtig, gleich auf der ersten Seite zu erscheinen, optimalerweise unter den ersten drei Treffern. Sehr viel mehr Geduld bei der Suche werden die Interessenten nämlich nicht aufbringen.

Bei Tanja konnten wir am eigenen Leib erfahren, was bei Google passierte, als sich ihre Prioritäten von der Internetseite hin zu ihrem frisch geborenen Sohn bewegten: Vorher war sie auch ohne Google AdWords immer unter den ersten drei Treffern zu finden. Als sich über ein paar Monate hin nichts an ihrem Internetauftritt geändert hatte, rutschte sie immer weiter nach unten, bis sie irgendwann sogar auf Seite zwei war. Kaum hatte sie wieder etwas mehr Zeit und Lust zur Pflege ihrer Website, kam sie im Google-Ranking Schritt für Schritt wieder nach oben.

TANJA: Für mich als Bonnerin ist die „Top 3" viel leichter zu realisieren als für einen Coach in Berlin, München oder Köln. Und nachdem mittlerweile immer mehr Kollegen auf die Idee kommen, Google AdWords als Werbung zu nutzen, ist es noch schwieriger geworden, ohne Bezahlung weit oben im Ranking zu erscheinen. Zusätzlich kommen jeden Tag neu ausgebildete Coachs auf den Markt. Deshalb führt fast kein Weg am nächsten Punkt vorbei:

1.1.4 Sie werden im Internet aufgrund Ihres Spezialgebiets – Ihrer Positionierung – gesucht

RUTH: Jetzt sind wir genau an dem Punkt, der für uns ausschlaggebend war, dieses Buch zu schreiben: Zukünftig wird es immer wichtiger sein, ein klares Profil zu haben, damit Sie von Ihren Kunden gut gefunden werden! Nicht nur, weil das schon immer eine clevere Marketing-Strategie war, sondern auch, weil Sie im Internet sonst in der Masse untergehen.

TANJA: Um ehrlich zu sein: Ich hatte jahrelang keine Lust auf das Thema „Positionierung". Ich wollte mich einfach nicht künstlich einschränken. Schließlich ist es für mich als Coach egal, ob ich jemanden helfe, sich zwischen zwei Berufen oder zwei Männern zu entscheiden: Die Entscheidungsfindung kann ich mit demselben Coachingformat unterstützen. Außerdem liebe ich die Abwechslung: Am Montag kommt vielleicht eine Zwölfjährige zum Coaching, weil sie in Prüfungssituationen unter Blackout leidet. Am Dienstag eine Mutter, die wieder in den Beruf einsteigen möchte und mehr Selbstvertrauen für diesen Schritt benötigt. Und so geht die Woche bunt weiter.

Solange ich Ruth kenne, liegt sie mir mit dem Thema Positionierung in den Ohren. Aber weshalb soll ich mich als Coach nur aus „Marketingsicht" auf eine bestimmte Zielgruppe oder ein bestimmtes Thema beschränken?

Wenn ich mir allerdings den typischen Suchprozess des Kunden vor Augen führe, sehe ich ein, dass es auch für mich jeden Tag wichtiger wird, eine eindeutige Positionierung zu haben und diese auch nach außen zu zeigen!

1.2 Was geht Kunden während der Suche durch den Kopf?

TANJA: Die Zahlen aus der Marktforschung sind schier unglaublich: Im Schnitt nehmen sich Kunden eine halbe Sekunde Zeit, um zu entscheiden, ob sie auf der richtigen Seite sind oder nicht. Wir wollen Ihnen anhand eines echten Beispiels zeigen, was genau und wie schnell und vor allem wie „politisch unkorrekt" solche Entscheidungsprozesse ablaufen. Ich möchte Ihnen deshalb ganz ehrlich in Echtzeit aufzeigen, was in meinem Kopf so vorgeht, wenn ich für mich selbst einen Coach für das Thema „Stressbewältigung" suchen müsste:

Start: Ich gebe die zwei Begriffe „Coach" und „Stressbewältigung" ein und sehe: 230.000 Treffer! Das macht keinen Sinn, für dieses Thema gibt es zu viele Spezialisten in Deutschland. Also nehme ich „Bonn" als Suchbegriff dazu und erhalte fünf eindeutige Treffer auf der ersten Seite:

Auf der ersten aufgesuchten Website sieht mich ein netter Mann an, direkt auf der Startseite. Er wirkt auf den ersten Blick kompetent und sympathisch. Ich bleibe zwei Sekunden auf der Seite und entscheide: Den merke ich mir mal, der könnte passen.

Beim nächsten Angebot finde ich auf der Startseite erst mal eine halbe Da-Vinci-Zeichnung vor und entdecke erst beim Scrollen eine freundlich aussehende Frau, die anscheinend gerade aus dem Urlaub kommt. Braun gebrannt und entspannt sieht sie aus. Eher der Typ Hausfrau. Ob sie fachlich passt? Ich glaube eher nicht.

Da sieht der dritte Treffer schon vielversprechender aus. Ich werde direkt freundlich von einer Frau mit kompetenter und sympathischer Ausstrahlung angelächelt. Ihre Kompetenz wird durch ihr Seminarangebot: „Stress lass nach-Bewältigungskurse" noch unterstrichen. Bestimmt ist sie ein Profi und ich wäre gut bei ihr aufgehoben.

Ein anderes Gefühl weckt bei mir der nächste Link. Überraschenderweise lande ich auf einer Facebook-Seite. Nein, das fühlt sich nicht kompetent an. Wenn sich dieser Coach noch nicht einmal einen „normalen" Internetauftritt leistet, kann er auch fachlich nichts sein. Die Seite sehe ich mir erst gar nicht an.

Auf den ersten Blick gefällt mir das fünfte Angebot gut: Auch hier sieht mich eine nette Frau direkt an. Gleich auf der Startseite finde ich ihr Seminarangebot „Bewegende Veränderung" und der Navigationsleiste kann ich entnehmen, dass sie „Personal Training" und „Personal Coaching" anbietet. Für den Stressabbau könnte das gut sein, aber als Couch-Potato habe ich dazu keine Lust. Bestimmt sagt sie mir, dass ich mehr Sport machen soll, dabei will ich doch nur meine stressigen Gedanken loswerden. Trotzdem sehe ich mir ihr Angebot näher an und finde:

- Einzelcoaching
- Paar- und Familiencoaching
- Business-Coaching
- Führungskräftecoaching
- Teamcoaching
- Coaching in Bewegung.

Über Stressbewältigung finde ich hier auf den ersten Blick nichts, und ich frage mich, ob sie bei der Vielzahl dieser heterogenen Angebote tatsächlich die Richtige für mich ist.

Also bleiben mir zwei passende Coachs zur Auswahl, denn die Folgeseiten schaue ich erst gar nicht an. Übrig bleiben der Mann vom ersten Link und die Frau vom dritten Link mit dem Seminar. Vielleicht werden im Coaching auch ein paar schmerzhafte Themen aus meiner Kindheit berührt, da fühle ich mich bei einer Frau besser aufgehoben. Deshalb sehe ich mir diese Website genauer und von vorne an, denn anscheinend bin ich direkt auf einer Unterseite zum Thema Stress gelandet. Ich bin überrascht. Auf der Startseite sieht mich eine ganz andere Frau an als bei dem Link in meinen Suchergebnissen zum Thema Stressbewältigung. Und diese Frau ist kein Coach, sondern Therapeutin!

Was ist da denn los? Ich suche noch einmal das Stress-lass-nach-Seminar und stelle fest, dass die Therapeutin dieses Angebot gar nicht selbst durchführt; das macht eben die Frau auf dem Foto, für die ich mich eigentlich entschieden hatte. Jetzt muss ich erst mal die Website dieser Dame ausfindig machen. Hoffentlich ist die Praxis nicht zu weit weg.

Was für ein Glück: Sie ist aus der Gegend, aber ihre eigene Website sieht ehrlich gesagt nicht so überzeugend aus. Aber zumindest finde ich das Seminar, auch wenn auf der Startseite kein Wort von Coaching zu Stressthemen steht. Immerhin kann ich ihre Telefonnummer leicht ausfindig machen, auch wenn es mich etwas irritiert, dass sie nur eine Mobilfunknummer anbietet.

ENDE. Dauer insgesamt: ca. 15 Minuten.

RUTH: Was Tanja hier sehr schön gezeigt hat, ist der ganz normale Wahnsinn bei der Suche nach einem passenden Coach.

Machen Sie den Selbsttest:

Spielen Sie Google-Bingo. Suchen Sie sich selbst mit Ihren ganz eigenen Suchkriterien. Welche Treffer landen Sie, wenn Sie nach „Coach" und Ihrem „Praxisort" suchen? Falls Sie für sich schon eine Positionierung gefunden haben, dann natürlich auch mit diesem Begriff – mal mit, mal ohne Ihren Wohnort. Für Trainer funktioniert das Bingo anstatt mit Wohnort mal mit, mal ohne Branche.

Wir sind uns sicher: Sie können jetzt noch realistischer einschätzen, wie wichtig für Sie das Thema Positionierung bzw. eine noch spitzere Positionierung ist!

RUTH: Bitte behalten Sie dabei im Hinterkopf, das Google einen „Tellerrand" hat, wie Miriam Meckel das so passend ausdrückte. Wenn Tanja, Sie und ich die gleichen Suchwörter eingeben, erhalten wir alle unterschiedliche Ergebnisse. Die Such-Algorithmen passen ihre Ergebnisse nach unseren (gespeicherten) Vorlieben an. Ein Trick ist natürlich, einfach fremde Rechner zu benutzen, um einen guten Überblick zu bekommen, wie Sie wirklich gefunden werden – und damit meine ich jetzt nicht den Rechner Ihrer Liebsten zu Hause ☺.

1.3 Coachs werden auf diese Weise eher selten gesucht – Trainer schon häufiger!

RUTH: Es gibt viele Wege, auf denen Sie von der Mehrheit Ihrer Kunden nicht gesucht werden. Das heißt allerdings nicht, dass diese Wege nicht für andere Ziele wichtig wären.

1.3.1 Kunden suchen Sie eher nicht im Anzeigenteil der Zeitung

TANJA: Bisher haben wir nur einen einzigen Life-Coach gefunden, der über eine Anzeige in der Zeitung neue Klienten gefunden hat. Dabei handelte es sich um eine Regionalzeitung mit relativ günstigen Anzeigenpreisen. Sollten Sie auf diesem Weg erfolgreich sein, würden wir uns freuen, von Ihnen zu hören und Ihr persönliches Erfolgsrezept zu erfahren.

RUTH: Bei Trainern oder Coachs im Businessumfeld sieht das schon anders aus. Die wichtigste erste Frage lautet hier: Welches Medium lesen die Menschen, die meine Leistung einkaufen? Und die zweite Frage: Biete ich etwas an, was dort für Aufmerksamkeit sorgen kann? Wer beide Fragen sicher mit Ja beantworten kann, hat Chancen, gefunden zu werden, auch wenn er nicht aktiv gesucht wird.

1.3.2 Kunden suchen Sie eher nicht im Briefkasten

TANJA: Auch wenn Ruth eine gute Werbetexterin ist: Weder sie noch ich würden Coachs raten, im Privatkundensektor Mailings einzusetzen. Das liegt zum einen an dem großen finanziellen Aufwand (für den Texter, das Porto und den Druck), zum anderen an der geringen Erfolgswahrscheinlichkeit.

RUTH: Für Coachs, die z. B. gezielt Inhaber von mittelständischen Unternehmen ansprechen wollen, sieht auch das anders aus. Wenn zu der guten Positionierung noch eine pfiffige Idee kommt, kann als Erstkontakt das Mailing ein guter Türöffner für ein Telefonat sein. Besonders größere Unternehmen und Personalabteilungen generell bekommen regelmäßig Post von Coachs und Trainern. Da oft schon Coaching- und Trainer-Pools vorhanden sind, kommen Sie hier nur rein, wenn ein anderer Coach herausfällt – oder wenn Ihr Angebot und die Aufmachung Ihres Mailings einfach 100 % zum Bedürfnis der Firma passen und überragend sind.

1.3.3 Ihre Kunden suchen Sie eher nicht in Ihrem Auto

TANJA: Sicherlich fahren die wenigsten Kunden auf die Autobahn, um dort bei anderen Fahrzeugen nach Werbehinweisen für den für sie passenden Coach zu suchen. Luzia Hofmann, deren Positionierung wir Ihnen in Kapitel 5 noch vorstellen, ließ sich trotz der geringen Erfolgsabsichten nicht davon abhalten, ihr Auto mit einer Autowerbung zu schmücken. Ihre Erfahrungen:

LUZIA HOFMANN: Ich wurde schon oft unterwegs angesprochen, was die „Hexeratung" eigentlich ist – und zwar von Menschen, mit denen ich so nie in Kontakt gekommen wäre. Das zeigt mir immer wieder, dass die Beklebung meines Autos sehr gut zu meiner Sichtbarkeit beiträgt.

RUTH: Oft ist es schwer herauszufinden, durch welches Werbemittel der Kunde nun zu uns gekommen ist. Vielleicht hat er das Auto auf dem Parkplatz vor dem Biomarkt gesehen, später die Website besucht und Sie noch später nach einer Veranstaltung angesprochen. Bis dahin ist dem Kunden selbst sein langer Entscheidungsweg gar nicht mehr bewusst.

1.3.4 Ihre Kunden suchen Sie eher selten über XING oder LinkedIn

TANJA: Suchmaschinen werden deutlich häufiger benutzt als diese Portale, aber dennoch kann der Eintrag dort sich für die Auffindbarkeit auszahlen. Zumal Xing ganz aktuell dabei ist, mit „ProCoach" eine eigene Coaching-Datenbank aufzubauen. Ein gutes Profil ist dann natürlich ein Muss. Fragen Sie sich – gerade als Life-Coach –, ob sich für Sie der Aufwand lohnt, diese Seiten zu pflegen.

RUTH: Schon klar, dass das im Business-Umfeld wieder anders ist. Gerade wenn man international unterwegs ist, kann es kaum schaden, bei LinkedIn zu sein und vor allem – gut vernetzt. Wenn ich zum Beispiel sehe, dass jemand, den ich kenne, einen bestimmten Trainer eingesetzt hat, dann schaue ich mir dessen Profil genauer an.

1.3.5 Ihre Kunden suchen Sie nicht auf Facebook, Instagram, Pinterest, Twitter, about.me … Oder doch?

TANJA: Für 98 % der Coachs und Trainer mag diese Aussage, Stand heute, stimmen. Mit der Zeit kann sich das natürlich ändern. Dennoch misstrauen viele Menschen den Datenschutzbestimmungen von Facebook und ich persönlich glaube auch nicht, dass eine Fotosammlung hilft, einen Trainer zu finden …

RUTH: Das sehe ich anders. Das Thema Datenschutz ist heikel und jeder muss für sich eine Lösung suchen. Ich selbst habe durch einige dieser sozialen Medien schon Kunden gewonnen. Sie erlauben, sich sehr schnell ein Bild von jemandem zu machen. Eine Website ermöglicht nicht unbedingt denselben Eindruck, denn oft macht hier ein guter Werbetexter den Unterschied. Wenn ich aber sehe, wie der Trainer in den sozialen Medien agiert, dass er z.B. auf Pinterest Themen sammelt und ich dort entdecken kann, was ihn sonst noch interessiert, dann finde ich das oft hoch interessant. Hier gibt es noch viel Nachholbedarf. Schau dir beispielsweise mal das Pinterest-Profil von Martin Limbeck an. Auch wenn ich kein Fan von ihm bin: Von seinem professionellen Vorgehen können viele Trainer und Coachs lernen.

TANJA: Außerdem können auch diese Profile positiv für das Ranking in den Suchmaschinen sein.

1.3.6 Privatkunden suchen Sie nicht in Coach-Portalen oder auf den Seiten der Coachingverbände

TANJA: Auch wenn bestimmt fast jeder Coach Christopher Rauen namentlich kennt oder schon seine Bücher gelesen hat – die meisten Privatleute kennen ihn nicht. Die wenigsten Klienten wissen, wer Herr Rauen ist und dass man auf seiner Website eine große Datenbank mit qualifizierten Coachs findet.

Ebenso kommen nur wenige Privatkunden auf die Idee, direkt auf den Seiten eines Coachingverbandes nach einem passenden Coach zu suchen. Trotzdem macht es auch aus Marketingsicht absolut Sinn, Mitglied in einem Verband zu sein und dieses

„Gütesiegel" auf der eigenen Website zu zeigen. Dies macht einen seriösen Eindruck und unterstützt so Ihre Neukundengewinnung!

RUTH: Wer jedoch einen Coach für Business-Themen sucht, wird ↗ http://www.rauen.de in seiner Linkliste haben. Jeder Trainer muss entscheiden und gegebenenfalls ausprobieren, ob Datenbanken ihn weiterbringen – und wenn ja, welche.

Wer wie Christoph Barthel 2015 überraschend im Manager-Magazin unter den Top-100-Coachs gelistet war, der freut sich sicherlich. Aber allein das bringt noch keine Kunden.

TANJA: Oft muss man für die Ehre, auf diese Weise gelistet zu sein, schlicht und ergreifend zahlen. Im Prinzip handelt es sich um eine Online-Anzeigenschaltung. Aber das kann sich u. U. lohnen. Für gut positionierte Life-Coachs ist beispielsweise die Coach-Liste der Zeitschrift „Emotion" durchaus ein Tipp: ↗ http://www.emotion.de/de/coaching/coach-datenbank. Hier nämlich lässt sich eine interessante und für Coaching aufgeschlossene Leserschaft ansprechen. Aber: Nicht einfach das Anzeigen-Abo das ganze Jahr durchbuchen, sondern immer wieder überprüfen:
a. Wie viele Anfragen sind über diesen Weg gekommen?
b. Wie viele Aufträge sind letztendlich darüber zustande gekommen?

Zusammenfassung:

Ob im Business-Sektor oder privat – für beide Bereiche gilt:

Ihre Kunden werden Sie im Internet suchen – früher oder später. Vielleicht, weil sie sich schon halb für Sie entschieden haben, z. B. aufgrund einer persönlichen Empfehlung. Vielleicht mittels ganz subjektiver Suchbegriffe oder durch einen Klick auf Ihre hinterlegte Web-Adresse in einer Coaching-Datenbank oder in den sozialen Medien. Besucht Ihr potenzieller Kunde Ihren Internetauftritt, muss er das Gefühl haben, bei Ihnen „absolut richtig" zu sein. Nur so kommt der ersehnte Anruf oder die E-Mail mit der Terminanfrage. Dies gelingt über eine passgenaue Positionierung und die dazu passende Kundenansprache.

Obwohl es die Neukundengewinnung extrem erleichtern kann, fällt es trotzdem vielen Coachs noch schwer, sich so festzulegen. Weshalb das so ist – und wie man dies ändern kann – sehen Sie in den folgenden Kapiteln.

2. | Liebe auf den zweiten Blick: Sich als Coach positionieren

TANJA: Viele Kunden erleben am Anfang ihrer Selbstständigkeit erst einmal eine kalte Dusche: Voller Kreativität und Freude machen sie sich auf die Suche nach einem schönen Logo, den passenden Visitenkarten und einem gut klingenden Namen für ihren Internetauftritt. Und dann kommen die „Spielverderber". So will der Grafiker doch glatt etwas Genaueres über die Zielgruppe wissen: Männlich oder weiblich? Jung oder alt? Welches Thema steht im Vordergrund und welche Positionierung soll mit dem Logo visuell unterstützt werden? Was vorher ein singend-schwingender Besuch im Spielwarenladen des Marketings war, wird gefühlt plötzlich zum erzwungenen Gang in die Fachabteilung Metallwaren. Für viele – auch für mich – erst einmal ein heftiger Tritt in das Schmerzzentrum des Gehirns.

Was hat mich und viele Kollegen bisher von einer eindeutigen Positionierung abgehalten? Weshalb gehen wir lieber auf das fünfte Coachingtool-Seminar anstatt auf einen Positionierungs-Workshop? Im Coaching sage ich: „Unser Unterbewusstes will eigentlich immer unser Bestes. Manchmal ist es lediglich auf einem alten Stand." Das gilt auch für das Thema Positionierung. Eine Reihe von beängstigenden Gedanken möchte uns eigentlich vor Ungemach schützen.

Hier ist die „Top 10" der typischen sabotierenden Gedanken, die Sie vom Positionieren abhalten können:

1. Es gibt gar keine passende Positionierung für mich.
2. Es gibt zu wenige Klienten für meine Positionierungs-Idee.
3. Es gibt schon zu viele Coachs mit meiner Positionierungs-Idee.
4. Mit Positionierung wird es mir thematisch viel zu langweilig.
5. Für meine Traum-Positionierung bin ich nicht gut genug.
6. Wenn ich mich klar positioniere, fühlen sich andere Kunden abgeschreckt.
7. Andere werden schlecht über mich denken, wenn ich mich mit diesem Schwerpunkt „oute".
8. Die Zielgruppe kann mich nicht bezahlen.
9. Mit Positionierung werde ich weniger Geld verdienen als ohne.
10. Sich zu positionieren macht keinen Spaß.

Lange Jahre habe ich mich von diesen Punkten abhalten lassen und mich nach außen hin elegant herausgemogelt, mit der vermeintlichen Positionierung „Entscheidungs-Coach". Schließlich ist alles eine Entscheidung.

RUTH: Aber ich blieb hartnäckig, obwohl ich wusste, dass Positionierung wahrlich nicht Tanjas Lieblingsthema war. Zum Glück ist sie Argumenten gegenüber aufgeschlossen. Noch überzeugender waren für sie die guten Erfahrungen unserer Kunden. Sie bekam hautnah mit, welche positiven Veränderungen eine klare und gut passende Positionierung für unsere Kunden hatten. Und wer den Film „Harry und Sally" kennt, weiß, was ich meine, wenn ich sage: Sie wollte genau das, was sie hatten ☺.

TANJA: Mittlerweile kann ich sagen, dass eine für mich authentische Positionierung so viele Vorteile hat, dass ich kaum verstehen kann, weshalb ich mich lange Zeit so mit Händen und Füßen dagegen gewehrt habe. Ihnen wird es ähnlich gehen, wenn auch Sie die passende Positionierung für sich gefunden haben.

Der positive Nutzen, wenn Sie authentisch positioniert sind:

- In Ihre Praxis kommen nur noch die Kunden, die Sie als Coach und Mensch absolut sympathisch finden.
- Wenn Sie gefragt werden, was Sie beruflich genau tun, werden Sie kurz und klar antworten können.
- Sie wissen genau, welche Marketingaktivitäten für Ihre Zielgruppe Sinn machen, und können sich darauf fokussieren.
- Für sich selbst wissen Sie jetzt, welche Text- und Bildwelten zu Ihren Werbemitteln passen, und fühlen sich rundum wohl damit.
- Ihre Augen werden leuchten, wenn Sie von Ihrer Arbeit erzählen.
- Die Coachingergebnisse werden noch erfolgreicher sein.
- Ihre Weiterempfehlungsquote erhöht sich wie von selbst.
- Die Zahlen auf Ihrem Geschäftskonto bringen Sie zu einem glücklichen Lächeln.
- Sie sehen einen tieferen Sinn in Ihrer Arbeit.
- Arbeiten fühlt sich leicht an.

Und ja, an diesem Zitat von Konfuzius ist schon viel Wahres dran: „Wähle einen Beruf, den du liebst, und du brauchst keinen Tag in deinem Leben mehr zu arbeiten." So fühlt es sich für mich derzeit an!

RUTH: Wenn das nicht gute Gründe sind, das Thema – wenn auch auf den zweiten Blick – lieben zu lernen?

TANJA: Ruth, nicht so schnell! Es gibt ja einige Gründe, die wirklich im Weg sein können. Bei mir war es so, dass ich viele der zehn aufgeführten Gedanken hatte! Aber wie würde Byron Katie, die Gründerin der Methode „The Work", so schön sagen: „Sind diese zehn Punkte wahr?" Oder auch „Kannst du mit absoluter Sicherheit sagen, dass diese Punkte für dich wahr sind?"

RUTH: Okay, dann schauen wir uns diese Gedanken ganz konkret an und untersuchen sie nach ihrem Wahrheitsgehalt. Danach sollte der Weg für Ihre Positionierung hoffentlich frei sind. Wir starten mit:

2.1 Es gibt keine passende Positionierung für mich

TANJA: Für viele Kollegen – und auch für mich – fühlt sich der Gedanke im ersten Moment wahr an. Im zweiten Moment kann ich nicht mit absoluter Sicherheit sagen, dass er für mich stimmt – und zwar hergeleitet aus zwei unterschiedlichen Gedankensträngen:

a. „Es gibt diese eine, passende Positionierung für mich, aber ich habe sie bisher noch nicht gefunden."
   Wenn es Ihnen auch so geht: Mit den Übungen und Praxisbeispielen in diesem Buch wollen wir das für Sie ändern.

b. „Ich bin kein Typ für eine Positionierung im klassischen Sinne, mit meinen vielen Talenten, meinem unstillbaren Interesse an so vielem und den unzähligen Coachingmethoden, die ich nutze."
   In ihrem Buch „Ich könnte alles tun, wenn ich nur wüsste, was ich will" zeigt Barbara Sher, wie schwer es Multitalenten fällt, sich auf einen Weg festzulegen.

RUTH: Gerade für die viel-begabten Menschen ist es wichtig, einen passenden Weg zu finden, sich authentisch und glaubwürdig zugleich zu zeigen. Ein paar Ideen und Lösungsansätze dazu gibt es in den Kapiteln 5 und 8.

2.2 Es gibt zu wenige Kunden für meine Positionierung

TANJA: Ich sage ja gerne: „Der Markt da draußen ist 100 %", weil einfach jeder Mensch von der Arbeit eines guten Coachs oder Trainers profitieren kann. Allerdings gilt auch: Je mutiger und „spitzer" Sie sich aufstellen, desto kleiner wird rein rechnerisch die Anzahl Ihrer Kunden. An dieser Rechnung können wir nicht rütteln.

Interessant ist hier aber das Wörtchen „zu". Was genau bedeutet „zu wenige Kunden"? Wenn Sie vier bis zehn Coachings pro Woche veranschlagen, kann es durchaus sein, dass 2000 Kunden weltweit reichen, um lebenslang ausgebucht zu sein. Jetzt denken Sie vielleicht: „Es gibt aber zu wenige passende Kunden in meiner Stadt und aus Österreich kommt ja keiner zu mir nach Münster." Das ist ein weitverbreiteter Irrtum!

RUTH: Mich überrascht mittlerweile überhaupt nicht mehr, von woher Tanjas Kunden überall anreisen: Sie kommen aus der Schweiz, aus Österreich, Spanien und sogar aus Australien. Wenn Ihre Kunden mitbekommen, dass Ihre Arbeit gut ist, und wenn Sie sich den Ruf als Spezialist erworben haben, verbindet man gerne einen Urlaubsbesuch oder Deutschlandaufenthalt mit einem Termin bei Ihnen.

Tanjas Tipp:

Das Bundesamt für Datenverarbeitung und Statistik in Bonn ist „die Quelle" für Antworten auf sämtliche Fragen zu diesem Thema: ↗ https://www.destatis.de/DE/Startseite.html.

Sollten Sie für Ihre spezielle Zielgruppe dort keine Angaben finden, können Sie gerne auch meinen „Telefonjoker" nutzen: Mein Mann Hans-Werner Klein ist Marktforscher, und wann immer ich bei der Recherche selbst nicht weiterkomme, ist er für mich und meine Kunden oft die letzte Rettung: ↗ http://databerata.de.

2.3 Es gibt schon zu viele Coachs mit dieser Positionierung

TANJA: Ich höre im Moment von so vielen Unzufriedenen, die nach der fünften Reorganisation der Firma jetzt endlich etwas machen wollen, das sie wieder sinnhafter finden. Viele davon sehen eine Lösung in einer Coachingausbildung – verbunden mit der Hoffnung, zukünftig damit ihren Lebensunterhalt bestreiten zu können. Jedes Jahr kommen Hunderte neu ausgebildeter Coachs auf den Markt. Der Gedanke „Weshalb sollte ich meine Zielgruppe auf einem so überfüllten Markt auch noch durch eine klare Positionierung verkleinern?" scheint absolut richtig.

RUTH: Also der erste Denkfehler ist schon mal, dass der Markt überfüllt ist. Wir hatten 2013 laut der 3. Marburger Coaching-Studie[2] gerade mal 8.000 Coachs in Deutschland und einen Markt, der heftig in Bewegung war (und wohl noch ist). Auch zeigt sich in der Studie eine wachsende Nachfrage und auf 10.060 Einwohner der Bundesrepublik kam 2012 ein Coach. Das sollte für eine gute Auslastung reichen ☺.

Aber lassen Sie uns das ganz konkret angehen. Wieder aus Sicht des Kunden und mit Tanjas Lieblingsspiel, dem **„Google-Bingo"**: Schauen wir ihr auf der Suche nach einem Coach für eine spezielle Positionierung über die Schulter.

TANJA: Ich suche nach „Coach" und „kinderlos", weil es ja mittlerweile viele Menschen gibt, die ungewollt kinderlos geblieben sind und vielleicht gerne einen Spezialisten hätten, um dieses Thema zu bearbeiten.

Auf Platz eins finde ich einen tollen Artikel aus der ZEIT über Business-Coach Franziska Ferber. Sie berät aufgrund ihres ganz persönlichen Schicksals nun Menschen, die ungewollt kinderlos geblieben sind. In diesem Artikel lese ich, dass ihr Schwerpunkt auf große Resonanz stößt.

Auf Platz 2 folgt ein weiterer Artikel von Franziska Ferber aus der Huffington Post, in dem sie unter der Headline „Kein Strafbeitrag für Kinderlose" ihre Meinung äußert. Auf Platz 3 ist schon wieder ein Artikel von ihr, diesmal für das Müttermagazin. Aber bis hierhin keine einzige Seite eines Coachs in den Suchergebnissen…

Als interessierte Kundin würde ich jetzt gerne die Website von Frau Ferber finden, mit ihrem Angebot. Stattdessen kommt auf Platz 4 die Website von Coach Gudrun Monika Höhne. Auch sie ist für die Zielgruppe der kinderlos Gebliebenen spezialisiert. Ihre klare Positionierung hat mich so begeistert, dass ich ganz spontan beschlossen habe, sie für unser Buch zu interviewen. Ihre Erfahrungen zu diesem Thema finden Sie in Kapitel 5.

---

2 ↗ http://www.coaching-report.de/coaching-markt.html

Weiter unten kommt dann die Website von Frau Ferber und ich stelle fest, dass sie sich außerdem auf das Thema „Kindersehnsucht" spezialisiert hat. Sie unterstützt also auch Kunden dabei, das Thema Kinderwunsch doch noch zu realisieren. Sie ist damit etwas breiter aufgestellt als Frau Höhne.

Die weitere Suche führt zu einem Seminar in der Schweiz und einem Interview von Business-Coach Christina Kuenzle über Frauen und Karriere im manager magazin. Den letzten Treffer dieser Seite bildet ein Kinderwunsch-Coachinginstitut in der Schweiz.

RUTH: Fazit: Zwei gut auffindbare Coaches sind das Ergebnis der deutschlandweiten Suche. Ich würde sagen, dass sich der Wettbewerb im Rahmen hält.

Wir haben dieses Spiel mit einigen anderen spitzen Themen wiederholt und stellten dabei fest, dass mit einer eindeutigen Positionierung und einer guten Außendarstellung eine Platzierung auf Seite eins immer gut möglich ist. Und selbst wenn es mal mehrere Coachs zu einem Thema geben sollte, wie in unserer Beispielsuche zum Thema Stressbewältigung aus dem Kapitel 1.2: Bei jedem Thema ist es möglich, sich noch spitzer aufzustellen.

Und die gute Nachricht lautet: Den Hauptunterschied machen Sie als Persönlichkeit. Je eher der Kunde Sie als Mensch einschätzen kann, umso höher ist die Wahrscheinlichkeit, dass er zu Ihnen kommt. Dabei hilft ein authentischer Auftritt mit gutem Foto. So kommen auch wirklich nur noch die Kunden zu Ihnen, die Sie passend für ihr Anliegen und sympathisch finden.

TANJA: Ich kann das nur bestätigen: Seit ich mich in meinem Internetauftritt so authentisch zeige, ist noch kein Kunde nach dem Vorgespräch nicht wiedergekommen.

2.4 Mit Positionierung wird es mir thematisch viel zu langweilig

TANJA: Ich gebe zu, dass dies eines meiner Hauptargumente gegen eine klare Positionierung war. Manche behaupten, dass es an meinem Sternzeichen liegt und Wassermänner immer Abwechslung brauchen. Ich kann mir jedoch vorstellen, dass dies vielen Kollegen ganz ähnlich geht.

In diesem Gedanken stecken meiner Meinung nach zwei Fehler:

a. Sie gehen davon aus, dass tatsächlich nur noch Menschen zu Ihnen kommen, die 1:1 zu Ihrer Positionierung passen. Das wird aber nicht der Fall sein. Manche Kunden lernen Sie vielleicht auf einer Geburtstagsfeier kennen oder durch einen Vortrag. Egal, welche Themen Sie auf Ihrer Startseite oder in einem Flyer aufführen: Diese Menschen werden sich davon nicht mehr „abschrecken" lassen, denn sie haben Sie ja persönlich erlebt. Und das gilt im Übrigen nicht nur für diese Menschen …

Zum anderen: Stellen Sie sich vor, Sie sind *der* Coach für das Thema „Bügeleisen-Entscheidungen". Spätestens, wenn dieses Thema zur Zufriedenheit des Kunden gelöst ist, wird er Sie fragen, ob Sie ihm nicht vielleicht auch beim Thema Waschmaschinen-Entscheidung oder Schulauswahl behilflich sein können. Ihre Kompetenz in Entscheidungsfragen strahlt auch auf ähnliche Gebiete aus.

b. Sie gehen davon aus, dass es durch die mit einer Positionierung einhergehende Einschränkung zu wenig Abwechslung in Ihren Coachingprozessen gibt.

Bleiben wir ruhig beim fiktiven Beispiel „Bügeleisen-Entscheidungen". Dieses Thema mag wenig abwechslungsreich klingen, doch je nach Kunden gibt es einige Unterschiede:

- Jeder Kunde hat seinen ganz eigenen Grund, weshalb er diese Entscheidung nicht alleine treffen kann. Dahinter liegende Glaubenssätze könnten sein: „Ich treffe immer die falschen Entscheidungen." Oder: „Ich bin dumm und muss andere für mich entscheiden lassen." Vielleicht wird durch die bevorstehende Entscheidung beim Kunden auch eine schlimme Erinnerung angetriggert, bei der eine falsche Entscheidung damals schreckliche Auswirkungen auf sein Leben hatte …

Grundsätzlich gilt:

- Jeder Kunde sieht anders aus, hat ein anderes Alter, eine andere Herkunftsgeschichte, einen einzigartigen Lebenslauf und unterschiedliche Werte.
- Jeder Coachingprozess verläuft anders – auch wenn es um dasselbe Thema geht. Je nach Kunden können Sie andere Coachingmethoden verwenden und auch sprachlich müssen Sie sich auf jeden Menschen einstimmen.

2.5 Für diese Positionierung bin ich nicht gut genug

TANJA: Für diese weitverbreitete Annahme kann es drei Ursachen geben:

Erstens: Sie ist zutreffend und Sie können absolut nichts tun, um daran etwas zu ändern. Dann sollten Sie sich tatsächlich eine andere Positionierung suchen.

Zweitens: Sie stimmt für den Moment – aber nicht mehr lange. Denn mit Fleiß können Sie daran etwas ändern. Besuchen Sie passende Seminare, lesen Sie Bücher und machen Sie vielleicht auch eigene Erfahrungen mit diesem Thema. Der Autor Timothy Ferris hat in seinem Bestseller „Die 4-Stunden-Woche" praktisch, wenn vielleicht auch etwas übertrieben, dargestellt, wie einfach man zum Experten werden kann.

RUTH: Sollte Sie der Aufwand davon abhalten oder sollten Sie schlicht keinen Spaß daran haben, kann es gut sein, dass diese Positionierung wirklich nicht das Richtige für Sie ist. Ich zeige Ihnen gerne im Kapitel 3, wie Sie einer zu Ihnen passenden Positionierung einen bedeutenden Schritt näherkommen können. Oder noch besser: Wie Sie sie finden.

TANJA: Drittens: Die Annahme trifft auf Sie nicht zu. Sie sind gut genug – schon jetzt! Aber vielleicht sitzen Sie einem unbewussten Glaubenssatz auf. So etwas soll auch bei uns Coachs vorkommen ... Zum Glück wissen Sie ja genau, wie man dies ändern kann. Weitere Hinweise von uns finden Sie in Kapitel 4.

2.6 Wenn ich mich klar positioniere, fühlen sich andere Kunden abgeschreckt

TANJA: Ganz ehrlich: Dieser Gedanke ist absolut korrekt. Es wird Kunden geben, die nach dem ersten Blick auf Ihre Startseite sofort wegklicken, weil Sie vermeintlich nicht der bzw. die Richtige für ihr Anliegen sind. Und das, obwohl Sie mit Ihrem Wissen vielleicht genau diesen Menschen wunderbar hätten coachen können.

Normalerweise merke ich gar nicht, wie viele potenzielle Kunden mir entgehen. Sehr selten erhält man diesbezüglich Rückmeldungen. Anders erging es mir, als ich beschloss, im Systemischen Coaching nur noch mit der Zielgruppe Frauen und Kinder zu arbeiten. Da gab es einige wenige, aber doch sehr deutliche Reaktionen von Vertretern des männlichen Geschlechts, die meine Entscheidung nicht gut fanden. Aber gerade die Art, wie sie ihren Unmut äußerten, bestärkte mich in der Richtigkeit meiner Entscheidung.

Durch eine ganz klare Positionierung wird die angesprochene Zielgruppe natürlich automatisch kleiner und somit gibt es noch mehr Menschen, die sich abgeschreckt fühlen könnten. Erst letzte Woche wäre mir beinahe ein lukrativer Auftrag entgangen, weil eine Firma ihr gesuchtes „Stichwort" auf meiner Website nicht gefunden hatte. Zum Glück kannte mich eine Mitarbeiterin persönlich und bestand darauf, zu mir zu wollen. Widerwillig rief ihre Chefin an und fragte (zu Recht) kritisch, ob ich tatsächlich könnte, was ihre Mitarbeiterin benötige. Denn davon könne man ja auf meiner Website nichts finden …"

RUTH: Also was können Sie hier tun?

a. Sie lassen es sein mit dem Thema „Positionierung" und adressieren auf Ihren Werbemitteln **alle** Zielgruppen und Themen. Dafür kennen Sie ja jetzt einen wirklich guten Grund und können deshalb mit gutem Gefühl das Buch sofort wieder zuklappen und es an einen Kollegen verschenken.

b. Sie akzeptieren, dass Sie nicht alle Kunden ansprechen werden, und sind zuversichtlich, dass noch genügend Passende „übrig" bleiben, um davon leben zu können.

Sie können sich sicherlich vorstellen, auf welche Entscheidung wir hoffen. Die erste Variante wird kaum funktionieren, weil Sie als „eierlegende Wollmilchsau" für alle und zugleich für keinen der passende Coach sind. Es fehlt an einem klaren Profil und es gibt keinen Grund, weshalb ich Kunden zu Ihnen und nicht zu der Kollegin drei Straßen weiter schicken sollte.

Wenn Sie jetzt diese Zeilen noch lesen, haben Sie sich ja vielleicht schon bewusst für Variante b entschieden und denken: „Ja ich weiß ja, dass es sein muss. Aber hoffentlich zeigen sie mir noch auf den nächsten Seiten, wie ich trotzdem die Miete und den Urlaub davon bezahlen kann." Keine Sorge: Das werden wir tun!

2.7 Andere werden schlecht über mich denken, wenn ich mich für diesen Schwerpunkt „oute"

TANJA: Das ist ein ganz heikles Thema. Des Öfteren erleben wir es, dass ein Coach, für ein sehr eigenes Thema brennt. Ein Thema, das eine wunderbare Positionierung abgeben könnte. Aber: Es ist sehr persönlich und das limbische System ruft laut „Alarm"! Also wird dieser Coach doch lieber der zweitausendunderste Anbieter für Burnout-Prävention, statt Farbe für sein vielleicht wirklich spezielles Thema zu bekennen. Zu groß ist die Angst, ausgelacht und nicht mehr ernst genommen zu werden. Oder gar aus dem Coachingverband „verbannt" zu werden und die Unterstützung der Familie für die Selbstständigkeit zu verlieren.

Solche Gedanken sind sehr menschlich und manchmal auch sehr vernünftig. Und dennoch: Mit ein wenig Kreativität, Glück, einer ganzen Portion Mut und etwas Coaching ☺ haben es schon einige geschafft, ihr Herzensthema umzusetzen, egal was das Umfeld, die Gesellschaft oder die Verwandtschaft darüber denken mögen.

Auch für Sie gilt deshalb: Sobald Sie sich von der äußeren Referenz befreien, ist der Weg frei für die Menschen und Themen, die Sie wirklich interessieren.

2.8 Diese Zielgruppe kann mich nicht bezahlen

TANJA: Dieser Satz könnte wahr sein. Allerdings basiert er allzu oft auf einer falschen Grundannahme. In meiner eigenen Coachingausbildung „zwang" uns der Ausbilder, uns mit dem Thema Deckungsbeitragsrechnung auseinanderzusetzen. Ich hatte meinen Stundensatz mit 30 Euro angesetzt, weil ich „den Menschen helfen wollte, die wirklich meine Hilfe benötigen". Und natürlich ging ich davon aus, dass diese Menschen kein Geld hätten. Als ich das Ergebnis meiner Rechnung sah, brach ich in Tränen aus. Mir war klar, dass ich meinen Traumberuf nicht ausüben konnte, weil ich bei jedem Kunden noch Geld drauflegen müsste.

Jetzt – bald neun Jahre später – weiß ich, dass meine Annahme, die angestrebte Zielgruppe habe kein Geld, falsch war. Es gibt genügend Menschen, die von meiner Arbeit profitieren können. Und viele davon fallen genau in meine Nische und haben das Budget, sich auch unterstützen zu lassen.

Das folgende Beispiel für Teile meiner Zielgruppen zeigt, dass es rein statistisch genügend „leidtragende" und auch zahlungsfähige Kunden gibt:

In einem Interview für das Fachbuch „Das Drama im Mutterleib" berichtet der belgische Gynäkologe Jean-Guy Sartenaer, er könne bei etwa 8–10 % aller schwangeren Frauen im Ultraschall erkennen, dass sich mehr als ein Embryo zu Beginn der Schwangerschaft in der Gebärmutter eingenistet habe. Bei meinen Stadtbummeln sehe ich jedoch nur ganz selten Mütter mit Zwillingen. Tatsächlich liegt die Quote der lebend geborenen Mehrlinge bei 1 % (bezogen auf die eben genannten 8–10 %). Im Umkehrschluss heißt das: Fast jeder Zehnte hat die Erfahrung gemacht, einen „verlorenen Zwilling" zu haben – und dies durch alle Gesellschaftsschichten hindurch. Die Erfahrung des verlorenen Zwillings ist prägender, als ich es mir früher hätte vorstellen können. Sie kann sich sehr stark auf das spätere Leben der Betroffenen auswirken. Auch als Erwachsene leiden sie möglicherweise noch unter dem im Mutterleib erlittenen Verlust.

Ein sehr spezielles Thema mit einer doch recht großen und sehr heterogenen Zielgruppe – auch was die finanziellen Möglichkeiten betrifft. Die Anzahl der möglichen Kunden ist statistisch gesehen schon so „groß", dass ich alleine mit diesem Spezialthema ausgelastet wäre.

Ruth: Ganz ähnlich kann dies auch für Ihre Wunschzielgruppe sein. Sollten Sie tatsächlich die Sorge haben, dass diese Kunden Ihre Arbeit nicht bezahlen können, dann helfen Ihnen vielleicht die folgenden Ideen weiter:

- Um diesen Gedanken ad acta legen zu können, reicht manchmal ein „rationales Darüber-Nachdenken" aus, gegebenenfalls auch, mit einem „Sparringpartner" darüber zu reden.
- Manchmal helfen Ihnen mehr Informationen: Sprechen Sie mit Menschen aus Ihrer Wunsch-Zielgruppe, lesen Sie Forenbeiträge im Internet. Kaufen Sie entsprechende Zeitschriften und achten Sie hier auch auf die Werbung. Aufgrund der beworbenen Produkte können Sie nämlich eine erste Einschätzung über die Liquidität der Leserinnen und Leser wagen.

Ehrlich gesagt ist das Thema „Finanzkraft" unwichtiger, als Sie vielleicht denken. Wenn Sie das richtige Angebot für Ihre Kunden haben, dann wird beispielsweise so manche Frau gerne auf zwei Wochen Mallorca mit ihrer Freundin verzichten, wenn sie dank des gelösten Zwillingsthemas endlich den richtigen Mann finden kann und nicht mehr nach einem Zwillingsersatz suchen muss.

2.9 Mit Positionierung werde ich weniger Geld verdienen als ohne

TANJA: Wenn ich davon ausgehe, dass es nicht genügend Kunden in meiner Zielgruppe geben könnte, klingt diese Sorge erst mal berechtigt. Vielleicht haben Sie mittlerweile schon recherchiert und festgestellt, dass es genügend Kunden gibt, und teilen trotzdem noch immer diese Sorge? Da haben wir drei gute Nachrichten für Sie:

1. Je mutiger und klarer Sie sich positionieren, desto höher kann Ihr Honorar ausfallen. Laut Gebührenordnung zahlen Sie für ein Gespräch beim Facharzt auch mehr als bei Ihrem Hausarzt.
2. Wie bereits unter 2.2 beschrieben, ist Ihr Einzugsgebiet als Spezialist deutlich größer als das eines Generalisten.
3. Zudem gibt es den berühmten „Schaufenstereffekt": Ein Ladenbesitzer kann nicht alle vorhandenen Waren ins Schaufenster stellen. Er sucht sich die attraktivsten raus und hofft, dass diese die passenden Kunden ins Geschäft locken. Steht der Kunde dann mit beiden Beinen im Laden, sieht er auch all die anderen Produkte in den Regalen.

RUTH: Nicht anders ist es bei der Auswahl eines Coachs: Sie als Coach bestimmen, was im Schaufenster zu sehen ist. Das lockt die Kunden an, die Sie auch wirklich haben wollen! Und ein Kunde, der einmal bei Ihnen gewesen ist und zufrieden war, wird im Zweifelsfall beim nächsten Mal auch Sie fragen, ob Sie nicht zu einem anderen Thema mit ihm arbeiten können oder wollen.

Als Experte werden Sie überhaupt (besser) wahrgenommen. Und wenn Sie spitz aufgestellt sind, heißt das nicht, dass Sie nicht auch die breite Masse bedienen können. Umgekehrt allerdings dürfte es einem Coach ganz ohne spezifisches Aufgabengebiet schwerfallen zu beweisen, dass er wirklich alles Mögliche kann. Sein Schaufenster sähe bestenfalls aus wie das eines Kramladens.

TANJA: Das kann man auch schön an der Expertenpyramide sehen, die wir vor einiger Zeit für einen Blogbeitrag[3] erstellt haben

---

3   ↗ http://blogweise.junfermann.de/2015/04/13/stadt-land-coaching/

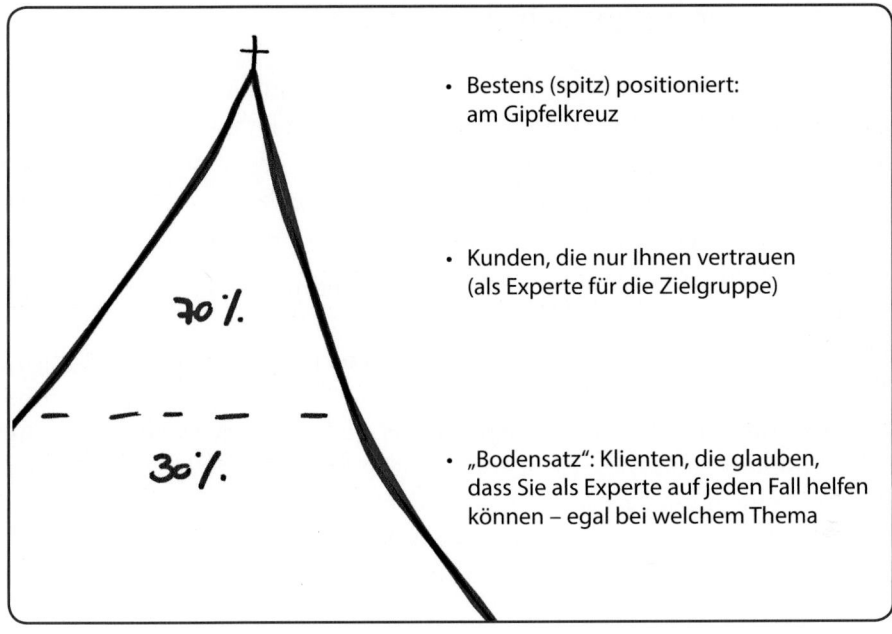

Die Expertenpyramide

2.10 Positionierung macht keinen Spaß

TANJA: Ich muss zugeben: Bevor Ruth ihren ganz eigenen Positionierungs-Prozess kreiert hatte, ist dieser Gedanke für mich persönlich absolut wahr gewesen. Ich hatte keine Lust, über dieses „langweilige" Marketingthema etwas zu lesen. Dann doch lieber ein Fachbuch über EMDR oder fürs Herz einen schönen Roman von Cecelia Ahern.

Als mich Ruth jedoch nach meiner Mutterschutzzeit mit ihrem „Baby" – dem Positionierungs-Prozess – überraschte, war ich baff. Das waren Übungen, die mir als Coach Spaß machten; Fragen, die ich interessant fand und deren Beantwortung mich auch über das Marketing hinaus privat weiterbrachten. Ich kam zu einem für mich völlig überraschenden Positionierungsergebnis und plötzlich wandelte sich mein Bild der Positionierung: Was zuvor wie eine gekrümmt laufende Dame im beigen Kostüm mit einem Duft nach Antiquariat daherkam, wurde nun zu einer flotten Frau, Mitte 30, mit modernem Kleid und langen Haaren, die frech, frei und selbstsicher ihren Weg geht. Wie Ruth das geschafft hat, werden wir Ihnen in den nächsten Kapiteln zeigen.

RUTH: Ehrlich gesagt war es mir schon ganz schön mulmig zumute: Auf der einen Seite wollte ich natürlich unbedingt, dass Tanja mitmacht und Feuer fängt. Auf der anderen Seite war es ja so, dass sie als nahezu unpositionierter Coach erfolgreich war und auch ziemlich glücklich. Trotzdem war ich fest davon überzeugt, dass mein Prozess sie und die Coaching-Praxis weiterbringen würde. Und sie ist tatsächlich jetzt noch zufriedener mit ihrer Arbeit.

Von daher hoffen wir beide, dass für Sie in Kürze der Gedanke „Positionieren macht keinen Spaß" nicht mehr der Wahrheit entspricht und Positionierung etwas ist, das tatsächlich auch Ihnen Spaß macht. Lassen Sie sich überraschen! Im nächsten Kapitel geht's nach einem kleinen Exkurs direkt los!

3. | So finden Sie Ihre authentische Positionierung

TANJA: Warnung: Dieses Kapitel macht Arbeit, auch wenn es recht „fluffig" beginnt! Von einer ganz anderen, nämlich von einer historischen Warte aus wollen wir zunächst beleuchten, in welch glücklicher Position wir uns befinden. Denn wir können uns heutzutage beruflich frei entfalten – wenn wir uns die Arbeit machen herauszufinden, was wir wirklich wollen, und dieses auch umsetzen. Dazu gehören Mut und der unbedingte Wille, sich nicht von Hindernissen aufhalten zu lassen. Auch nicht von solchen, die man sich selbst in den Weg gestellt hat!

Gleich hier können Sie beweisen, wie ernst es Ihnen mit Ihrer Positionierung ist. Statt das Kapitel nur zu überfliegen oder es gründlich zu lesen, ist es sinnvoll, alle Übungen mitzumachen. Denn jede einzelne Aufgabe trägt dazu bei, dass Sie am Ende des Kapitels Ihrem Traumberuf modellieren können.

RUTH: Also, Augen zu und durch!

TANJA: Ruth, wie soll das denn gehen? Aber ich weiß, was du meinst! Und wir versprechen Ihnen: Die Arbeit lohnt sich!

3.1 Wie kam es zu ersten Positionierungen? Ein kleiner historischer Exkurs von Hans-Werner Klein

RUTH: Seit es uns Menschen gibt, gibt es uns mit unterschiedlichen Begabungen. Aber wann war der Zeitpunkt, wo das im beruflichen Umfeld in Form einer Positionierung das erste Mal sichtbar wurde? Hans-Werner Klein, Tanjas Mann, hat für uns recherchiert und nimmt uns auf einen kleinen Ausflug mit.

Die Stadt als Keimzelle der Spezialisten

Im Mittelalter entwickelten sich in Europa die Städte. Sie wurden zu schnell wachsenden Lebensgemeinschaften. Dies ging einher mit einer ständig wachsenden Spezialisierung der Städter. Sind also Spezialisten ein Phänomen der Stadt?

Ja – denn Bauernschaften und Dörfer waren stärker von Generalisten und der Gemeinschaft geprägt: Kleidung, Nahrung, Wohnraum wurden gemeinsam „produziert". Ebenso gab es gemeinsam genutzte Einrichtungen (Allmende) wie Löschteiche, Wege, Wälder, Weiden, Backhäuser. Das Handwerk in der Bauernschaft war eher eine Hilfs- oder Nebentätigkeit.

Das Auskommen des Bewohners in den Städten wurde hingegen durch die explizite Positionierung gesichert. Dienstleistungen und Waren wurden erstellt, gehandelt, gewartet. Generalisten mit Nebentätigkeiten verschwanden mehr und mehr – man betraute „Spezialisten".

Spezialisierung und Positionierung als Garanten von Wohlstand und Qualität

Der Handel sorgte für einen Transfer von Waren in die Städte und aus den Städten heraus. Die Handwerker boten ihre speziellen Fähigkeiten als Schneider, Bäcker, Spengler, Schuhmacher, Kürschner, Schlachter, Müller und Maurer an. Der wachsende Wettbewerb sorgte für sinkende Preise.

Dem begegneten die Handwerker und Händler ab dem 11. Jahrhundert mit der Bildung von Kartellen: Spezialisten einer Art schlossen sich zu Zünften (Handwerker) oder Gilden (Kaufleute, Händler) zusammen. Diese regelten untereinander den Zugang zu den Märkten – durch die Aufnahme in eine Zunft oder Gilde.

Durch Ausbildungsverordnungen, Vorschriften bei der Herstellung und Behebung von Mängeln – bis hin zur Haftung der Meister als Ausbilder für die Arbeit ihrer Gesellen – wurden den Bürgern Qualitätsversprechen gegeben. Wegen des eingeschränkten Wettbewerbs waren diese allerdings teuer erkauft. Aus dieser Zeit stammt übrigens auch das Sprichwort: „Handwerk hat goldenen Boden." Die Ausbildungsvorschriften waren sehr streng, Gesellen waren verpflichtet, bis zu sechs Jahre auf der Walz zu sein. Sie mussten also in andere Regionen wandern, um neue Techniken zu erlernen und ihr Wissen weiterzugeben.

Fazit: Die Spezialisierung führte zu einem klaren und qualitätsgesicherten Angebot von gut Ausgebildeten. Zusammenschlüsse der Spezialisten erreichten mit Ausbildungsverordnungen und Qualitätsversprechen ein hohes Niveau bei Leistung und Preis – und das bis weit ins 19. Jahrhundert hinein. Erst die Massenherstellung bei sinkenden Preisen in Fabriken oder in Manufakturen führte zum Niedergang vieler Zünfte.

In der Blüte der Zünfte und Gilden wurden Generalisten eher als „Nebentätige" angesehen. Bei ihnen konnte man Leistungen billiger einkaufen, allerdings ohne die Qualitätszusage einer Zunft. Handwerker außerhalb der Zünfte wurden zwar als „Stümper" oder „Pfuscher" verunglimpft, waren aber bei denjenigen beliebt, die sich die teuren Handwerker nicht leisten konnten und sich mit weniger Qualität zufrieden geben mussten.

RUTH: Spezialisierung hat also von jeher einen guten Ruf und ging schon immer mit einem guten Einkommen einher – wenn die Qualität gesichert ist. Die Aufnahme in die Zünfte und Gilden war weniger von der Herkunft als von der Ausbildung abhängig, galt doch: Stadtluft macht frei. Aber wie weit entfernt diese Gesellschaft noch von dem Grundrecht der Berufsfreiheit war! Und wenn auch die Herkunft nicht alles war: Sie war dennoch ein wesentlicher Faktor, der bestimmte, wie man sich kleidete, wo man in der Kirche saß und auch, wie viel man von seinen wahren Talenten entfalten konnte.

3.2 Was ist eine authentische Positionierung?

TANJA: Heute haben wir es da ungleich besser, und gleichzeitig ist es schwieriger für uns. Eine Positionierung ist wichtiger denn je, aber wie wir uns positionieren, können wir selbst entscheiden. Wie kommen Sie nun zu einer authentischen Positionierung, die genau zu Ihnen passt?

RUTH: Das Wort „authentisch" ist ja ziemlich abgenudelt. Alles muss authentisch sein und oft genug entpuppt sich diese (vermeintliche) Authentizität als Enttäuschung für uns. Warum? Weil wir ein sehr feines Gespür dafür haben, was wirklich authentisch und was nur vorgetäuscht ist. In der Außendarstellung mag es sehr viel „Schein" und große Worte geben. Authentisch wird etwas jedoch nur dann, wenn es auch gelebt wird. Wenn wir zwischen dem, was wir sehen, und dem, wie jemand handelt, keine Diskrepanz feststellen können, erleben wir Authentizität.

TANJA: Authentizität ist etwas, auf das wir als Coachs auf keinen Fall verzichten können und wollen. Oft fehlt uns zur Authentizität jedoch die tiefere Kenntnis, wer wir eigentlich sind und wofür wir stehen. Was treibt uns wirklich an und was ist uns so wichtig, dass wir dafür fast jede Mühe auf uns nehmen? Und siehe da, schon haben wir den Bezug zur Positionierung als Coach: Als Coach können Sie nur dann großartige Arbeit leisten, wenn Sie auch voll hinter dem stehen, was Sie tun.

RUTH: Wir holen mittels Authentizität den besten Coach aus Ihnen heraus, den es gibt. Tanja benutzt dafür gerne das Beispiel eines Bildhauers. Wir schlagen von dem schönen, aber noch recht unförmigen Stein alles weg, was stört. Dann beseitigen wir noch unnötigen Schnick-Schnack und am Ende entsteht eine Figur, die lebendig wirkt und wie aus einem Guss aussieht. Richard Bolles[4] hat dazu gesagt: „Wir scheitern nicht daran, dass wir zu wenig über den Arbeitsmarkt wissen, sondern weil wir zu wenig über uns wissen." Wir müssen also zunächst feststellen, was in uns steckt. Nehmen Sie das beim Wort und schauen Sie, was Sie ausmacht und wie das auf Ihre Positionierung einzahlen kann. Möglicherweise schütteln Sie jetzt den Kopf und sagen: „Na, ich bin Coach, ich weiß doch nun wirklich, wie ich ticke." – Nun, kann sein. Reflexion, Biografiearbeit, die Auseinandersetzung mit den eigenen Stärken und Schwächen – all das ist für Coachs schließlich gewohntes Terrain.

TANJA: Wie oft arbeiten wir mit unseren Kunden an all diesen Themen! Tun wir es aber an uns bzw. für uns selbst, ist das – gerade im Hinblick auf die eigene Positionierung – noch mal etwas ganz anderes! Und auch wenn Sie es aus vielen Demos, Übungen und eigenen Coachings möglicherweise anders kennen: Wir fokussieren ganz auf Ihre Stärken. Und genau das ist das Schöne!

---

4   U.a. bekannt durch den internationalen Bestseller „What Color is Your Parachute", in der deutschen Übersetzung: „Durchstarten zum Traumjob".

3.3 Wie finden Sie Ihre authentische Positionierung?

RUTH: Um uns Schritt für Schritt der eigenen Ausrichtung anzunähern, nutzen wir ein paar Übungen, die sich in der praktischen Arbeit des Positionierungs-Prozesses bestens bewährt haben.

Kommen wir also Ihrer Positionierung auf die Spur! Dafür betrachten wir zunächst drei einzelne Bereiche recht ausführlich – und voneinander getrennt.

Aus diesen drei Bereichen erarbeiten wir Ihre Schnittmenge:
1. Kreis: Fähigkeiten (was Sie können)
2. Kreis: Motivatoren (was Sie motiviert)
3. Kreis: Berufung (Ihre Lebensaufgabe)

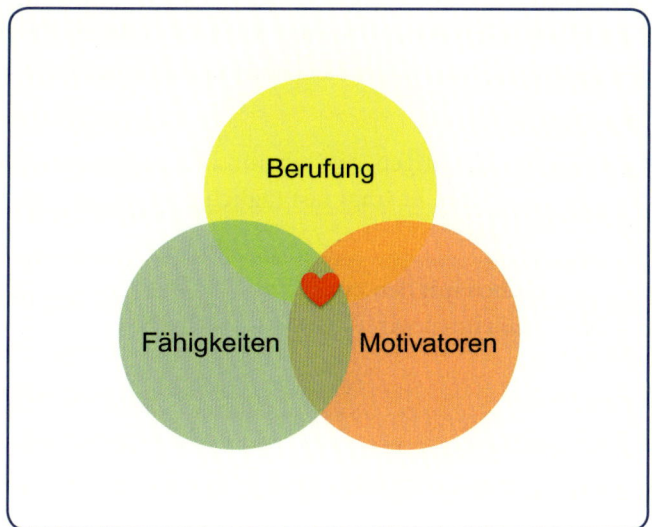

Die Schnittmenge aus Fähigkeiten, Motivatoren und Berufung finden

TANJA: Sie ahnen es: Wenn Sie mit Ihrer Arbeit wie in der Grafik in die Schnittmenge dieser drei Bereiche vordringen, dann sind Sie dort, wo Ihr Herz so richtig schlägt: in Ihrem absoluten Wohlfühl-Bereich. Oft befinden wir uns im Berufsleben irgendwo in der „Gerade-so-Schnittmenge", zwischen Fähigkeiten und Motivatoren.

RUTH: Als selbstständiger Coach oder Trainer können Sie diese Schnittmenge mit unserer Unterstützung herausfinden und zu Ihrem Geschäftsmodell machen. Arbeiten wird leicht, der Work-Life-Balance-Bullshit hat ein Ende. Sie fühlen sich einfach wohl, arbeiten gerne und werden dafür auch noch gut bezahlt. Zu diesem Thema empfehle ich Ihnen als Lektüre das Buch von Thomas Vaseks. Sie finden es am Ende des Buches in unserer Literaturliste.

Tanja: Bei jedem wird diese Schnittmenge komplett anders aussehen und keine Positionierung wird sein wie die andere. Alleine durch unsere individuelle Persönlichkeit ist klar, dass jeder ganz einmalig ist. Nur merken das Ihre Klienten oder wirken Sie eher austauschbar? Wenn Sie die Schnittstelle entdecken, Ihren Werten und Fähigkeiten entsprechend arbeiten, dann fühlen Sie und Ihre Klienten, dass Sie authentisch positioniert sind.

Ruth: Damit Sie den Weg zu Ihrer Positionierung nicht alleine gehen müssen, stellen wir Ihnen einen Coach zur Seite, und zwar in Form eines „Musterbeispiels". Bei diesem handelt es sich allerdings um ein echtes Beispiel, denn Tanja Peters ist Coach und hat den Positionierungsprozess 2014 bei mir erlebt. An ihrem Positionierungsprozess entlang können Sie jede Übung und jeden Schritt nachverfolgen. Wir sind sehr froh, dass sie uns ihre Ergebnisse für das Buch zur Verfügung gestellt hat! Sie ist nicht nur eine geschätzte Kollegin, sondern mittlerweile auch privat ein gern gesehener Gast!

Tanja: Das kann ich nur bestätigen. Sie scheint auch die erste große Liebe meines zweijährigen Sohnes zu sein. Er fragt fast täglich nach ihr und lächelt glücklich, wenn er ein Foto von ihr sieht.

Ruth: Ich hoffe, Sie kommen mit den zwei Tanjas im Buch gut klar. Damit es keine Verwechslungen gibt, bezeichnen wir Tanja Peters sicherheitshalber immer mit vollem Namen.

3.4 Erste Schritte zu Ihrem Ziel zur authentischen Positionierung

	**Tanja Peters** (Köln)
Positionierung – Stand Anfang 2014:	Viele Fragezeichen und eine vage Idee aus ersten Gesprächen: „Die Frau für die Krise"
Frühere Website:	www.coaching-koeln-peters.de → Wurde nach dem Marketing-Coaching auf die neue Website mit einem anderen Namen und völlig anderem Inhalt umgeleitet.

RUTH: Wir starten direkt mit der Befüllung der drei Bereiche. Dafür holen Sie sich einige große Blätter Papier, Karteikarten und / oder Post-its und bunte Stifte. Natürlich können Sie das Buch auch eher theoretisch lesen und als Anregung verstehen. Aber wir versprechen, selbst Coachs, die sich bereits in der glücklich machenden Schnittmenge tummeln, werden davon profitieren. Also los …

3.4.1. Welche Fähigkeiten bringen Sie mit?

RUTH: Wann haben Sie das letzte Mal Ihren Lebenslauf in der Hand gehabt? Und, hatten Sie ein gutes Gefühl dabei? Ich glaube, die meisten von uns haben sehr gemischte Gefühle. Sie mögen zwischen: „Ich kann doch gar nichts" und: „Alles ein wenig zu dick aufgetragen" wechseln.

Fähigkeiten: Ihr wirklicher Lebenslauf

Wenn Sie Ihren Lebenslauf mit eher gemischten Gefühlen betrachten, dann ändern wir das jetzt. Sie können ihn jetzt zu Ihrem Wohlfühl-Curriculum-Vitae (CV) machen, indem Sie alles so darstellen, wie es sich wirklich anfühlt, und nicht, wie Sie das einer Personalabteilung präsentieren würden. Dieses CV ist ganz alleine für Sie. Ergänzen Sie Ihren klassischen Lebenslauf um alle Kommentare, die Ihnen wichtig sind. Markieren und kommentieren Sie Wendepunkte (z. B. „Job gekündigt wegen Fusion") und beschreiben Sie, was wann wichtig war. „Das war keine gute Entscheidung.", „Diese Arbeit machte mich glücklich, weil ..." Etc.

TANJA: Nutzen Sie dabei das Mittel Ihrer Wahl. Wenn Sie Excel lieben, erstellen Sie Ihren Lebenslauf als Tabelle. Oder malen Sie Grafen. Legen Sie dann aber unbedingt eine Mittellinie an, um anhand der Ausschläge nach unten und oben deutlich aufzuzeigen, wie erlebnisreich das Leben bisher war. Oder schreiben Sie mit der Hand einen Brief, der alle Stationen erhält, und suchen Sie entsprechende Fotos dazu raus.

RUTH: Wenn Grafen gar nicht Ihres sind, schreiben Sie einen ganz normalen Lebenslauf und ergänzen ihn durch Kommentare oder Smileys. Dieses Dokument wird deutlich umfangreicher werden als ein Lebenslauf aus Ihrer Bewerbungsmappe ... Egal für welche Form Sie sich entscheiden: Wichtig ist, dass Sie einen guten Überblick erhalten und Wendepunkte deutlich dokumentiert werden.

TANJA: Wenn Sie mit Grafen arbeiten, darf es auch mehr als eine Linie geben, um widerstrebende Gefühle im CV sichtbar zu machen. Sie werden feststellen, dass Sie diese Arbeit nicht bewerkstelligen können, ohne private Aspekte aufzugreifen. Und gerade das Private mag zu diesen widerstrebenden Gefühlen führen. So kann die Geburt eines Kindes ein Höhepunkt sein, der aber gleichzeitig zum Tiefpunkt führen kann, weil sich die Karriere nicht in dem gewohnten Maße weiterführen lässt oder nicht mehr sinnhaft scheint.

Wie hat Tanja Peters diese Übung ausgeführt?

RUTH: In dem hier abgebildeten Auszug finden sich verschiedenfarbige Linien (Grafen) für den privaten und geschäftlichen Verlauf des Lebens. Als dritte Komponente hat Tanja Peters noch für ihre Karriere einen Grafen hinzugefügt – und zwar die „Sicht von außen", gemessen an Geld, Erfolg und Status.

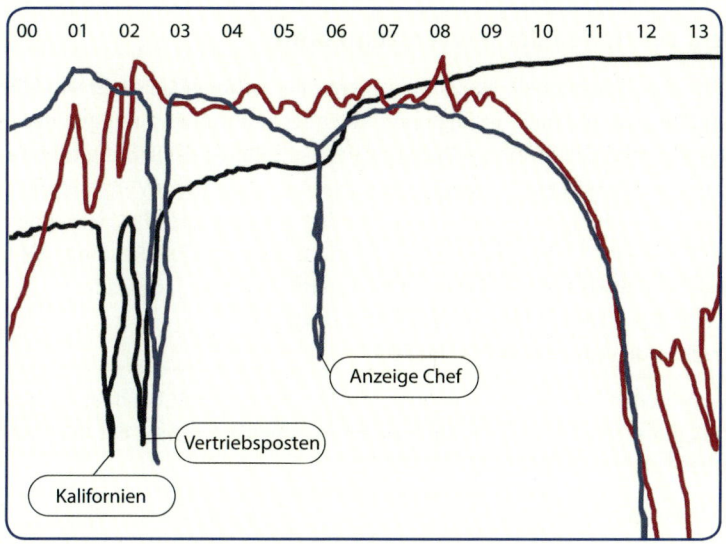

Die Grafen in Tanja Peters Curriculum Vitae

RUTH: Ergänzend zu ihren Grafen bekam ich von Tanja Peters noch ein Word-Dokument – hier im Ausschnitt zu sehen. Sehr aufschlussreich ist es betitelt mit: „Was-war-wichtig-Prosa".

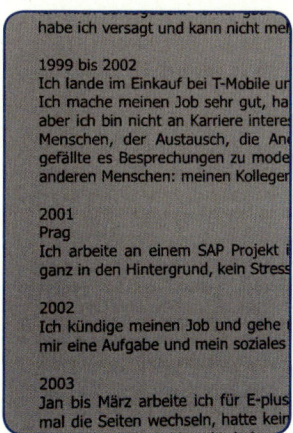

„Was-war-wichtig-Prosa" von Tanja Peters

RUTH: Das Thema Lebenslauf gehen wir noch von einer zweiten Seite aus an. So können Sie kontrollieren, ob auch wirklich alle wesentlichen Punkte berücksichtigt wurden.

Fähigkeiten: Lektionen der letzten zehn Jahre

Öffnen Sie auf Ihrem Rechner ein neues Dokument oder nehmen Sie ein Blatt Papier zur Hand. Dann nehmen Sie sich alle noch verfügbaren Kalender und Aufzeichnungen der letzten zehn Jahre vor: Das können ganz normale Taschenkalender sein, aber auch digitale; Familien- und Küchenkalender und auch Tagebücher. Bloggen Sie? Auch Ihre (Handy-)Kamera kann eine Hilfe sein. Posten Sie Lebensereignisse in den Social Media? – All das und alles, was Ihnen sonst noch einfällt, brauchen Sie jetzt – und natürlich Ihr Erinnerungsvermögen. Beginnen Sie im aktuellen Jahr und gehen Sie von dort aus rückwärts. Überlegen Sie sich für jedes Jahr:

- Was war der größte (Lern-)Erfolg dieser zwölf Monate?
- Was hat mich in diesem Jahr vorangebracht?

Und auch hier gilt wieder: Was hat *Sie* vorangebracht – nicht Ihren Chef oder Ausbilder ... Unsere Schweizer Kollegin Nicole Boeglin hat das so schön ausgedrückt: „Was hat mich weise gemacht in diesem Jahr?"

Fertigen Sie eine Liste an, die die wichtigsten Lerneffekte des Jahres einfängt.

Wie hat Tanja Peters ihre Lerneffekte zusammengefasst?

Meine Learnings:

2015: Ich lerne so langsam, wie Geduld und Balance gehen, endlich so far! Wir wissen ja nicht, was das Jahr noch bringt!

2014: Das braucht es ALLES, um eine erfolgreiche Unternehmerin zu werden: Fleiß, eine gute Ausrichtung, jeden Tag wieder loslegen, groß denken, Vertrauen haben, dranbleiben, sich nicht entmutigen lassen, hinfallen – aufstehen – Krone richten – weitergehen! Einen guten Positionierungs-Prozess machen, gute Berater und Kollegen an der Seite zu haben und noch so vieles mehr...

2013: Eigene Grenzen erkennen, Grenzen setzen, Abschied nehmen

2012: Das systemische Gedankengut wird immer stärker, ich lerne: Wenn es nicht nur Schwarz und Weiß gibt, ist die Welt ganz schön bunt. Toll!

2011: Aufstehen, dranbleiben, weitergehen, nicht entmutigen lassen. Mitten in den Schwierigkeiten gibt es immer wieder auch Möglichkeiten.

2010: Auch das geht vorbei, manchmal dauert Aufstehen länger!

RUTH: Gehen Sie mindestens zehn Jahre zurück bei der Übung, am besten sogar 20 Jahre.

Wenn Sie diese beiden ersten Übungen durchgeführt haben, haben Sie den Bereich Ihrer Fähigkeiten erforscht und sich selbst noch einmal vor Augen geführt, was Sie alles erreicht haben, was Sie können und was Ihnen dabei besonders wichtig ist.

TANJA: Möglicherweise werden Sie feststellen: Es war vielleicht gar nicht so wichtig, Führungsverantwortung zu haben und gelernt zu haben, wie man sie übernimmt. Es könnte vielmehr sein, dass Sie an einem Weihnachtstag oder nach einem Autounfall zu der Erkenntnis gelangt sind, dass die Familie wichtiger ist als die Karriere.

RUTH: Legen Sie jetzt alles zur Seite. Zu einem späteren Zeitpunkt werden wir es wieder benötigen. Jetzt geht es erst mal weiter mit dem Bereich der Motivatoren.

3.4.2 Was treibt Sie an? Was sind Ihre wichtigsten Motivatoren?

RUTH: Jetzt gehen wir ans Eingemachte. Was sind Ihre Antriebskräfte? Wir wissen, dass es in der Regel nicht das Geld ist, das uns zu Höchstleistung führt. Also gehen wir mit anderen Kriterien an diese Fragen heran und finden Ihre wirklichen Motivatoren. Was ist für Sie wichtig, dass Sie morgens aus dem Bett kommen?

TANJA: Früher waren das für mich: zwei Duplo, ein leckerer Milchkaffee und eine gute Zeitung. Das hat sich mit den Jahren und meiner Familie natürlich etwas geändert ☺

RUTH: Am Ende der folgenden Übung finden Sie eine Liste der möglichen Motivatoren. Sie ist relativ lang und Ihre Aufgabe besteht darin, auszuwählen bzw. auszusortieren. Viele der aufgelisteten Motivatoren sehen vielleicht auf den ersten Blick nach „Berufsleben" aus. Aber sie sind so ausgerichtet, dass sie auch funktionieren werden, wenn Sie Teilzeit-Coach sind, Coach in Ausbildung oder angestellter Trainer. Für Coachs und Trainer, die ja in ihre Wohlfühl-Schnittmenge vordringen wollen, ist die klassische Trennung in Arbeit und Privatleben nur bedingt sinnvoll. Nach Frederick Herzberg (dem Erfinder der Motivatoren-Hygiene-Theorie) bedeutet Zufriedenheit nicht zwangsläufig, dass aktuell keine Gründe für Unzufriedenheit vorliegen. Wir wollen aber mit Ihren Motivatoren in die volle Zufriedenheit eintauchen und erfahren, was Sie wirklich zufrieden macht, und nicht, was Sie lediglich ruhig stellt, zum Beispiel Geld (nicht nur Provisionen, Boni, Dienstwagen etc.) oder tolle Titel. Diese sind nach Herzberg lediglich Hygiene-Faktoren und sorgen nicht für wahre Zufriedenheit. Interessant ist auch, dass sich unsere Motivatoren über die Jahre, ja selbst über Jahrzehnte, kaum verändern. Bei Unzufriedenheit benötigen wir jedoch im Lauf der Zeit eine immer höhere Kompensation (Schmerzensgeld).

Motivatoren: Was motiviert Sie?

Nehmen Sie sich unser Luste der Motivatoren vor und wählen Sie Ihre aus. Am Ende Ihres Auswahlprozesses sollen nur sechs Motivatoren übrig bleiben. Lassen Sie sich dabei von folgenden Fragen leiten:

Was motiviert mich, morgens aufzustehen?

Was brauche ich, um einen erfüllten Tag zu haben?

Manchmal hilft bei der Auswahl auch die umgekehrte Frage:

Wenn das nicht da wäre, würde ich dann gerne leben und arbeiten?

Liste der Motivatoren (nur sechs dürfen übrig bleiben):

- Einfluss auf Entscheidungen haben
- Kontrolle ausüben
- als Führungspersönlichkeit oder Autorität gelten
- Erfolg haben und diesen weiter vorantreiben
- selbstverantwortlich Entscheidungen treffen
- mein eigener Chef sein
- meinen eigenen Prinzipien und Standards treu sein
- kreativ sein und eigene Ideen entwickeln
- vorhersehbare und stabile Verhältnisse
- regelmäßiges und sicheres Einkommen
- strukturierte planmäßige Abläufe
- Arbeit an langfristigen und vorhersehbaren Aufgaben
- loyal sein
- zur sozialen Gerechtigkeit beitragen
- den eigenen Seelenauftrag erfüllen
- einen Beitrag leisten zu Forschung und Entwicklung
- sich selbst beruflich und persönlich weiterentwickeln
- eigene Ziele setzen und verfolgen
- ein Ergebnis erreicht zu haben
- Aufgaben, die mir etwas abverlangen
- mit Menschen arbeiten, die ich mag
- mit Menschen kooperieren, die mich weiterbringen
- mit Menschen agieren, statt Zeit alleine zu verbringen
- Teil eines Teams sein
- Anerkennung und Bewunderung für meine Erfolge
- Aufgaben, die ich sicher bewerkstelligen kann
- Herausforderungen haben
- ein ästhetisches Umfeld haben
- von niemandem abhängig sein
- Menschen helfen
- harmonische Zusammenarbeit in der Gruppe

- Work-Life-Balance nach meinen Vorstellungen gestalten
- abwechslungsreiche Aufgaben haben
- Zufriedenheit mit der Arbeit ist wichtiger als Status
- ohne Druck und Stress arbeiten

Ruth: Es mag Motivatoren geben, mit denen Sie gar nichts anfangen können. Streichen Sie diese einfach und machen Sie sich keine Gedanken darüber. Sie passen einfach nicht zu Ihnen. Sie sollten für die Auswahl der Motivatoren nicht länger als 15 Minuten brauchen und es dürfen – wirklich! – nur sechs übrig bleiben. Wenn Sie fertig ausgewählt haben, schreiben Sie jeden Motivator einzeln auf eine Karteikarte oder ein Post-it.

Hier ist die Liste von Tanja Peters:

- Menschen helfen
- sich selbst beruflich und persönlich weiterentwickeln
- kreativ sein und eigene Ideen entwickeln
- selbstverantwortlich Entscheidungen treffen
- Anerkennung und Bewunderung für meine Erfolge
- mit Menschen arbeiten, die ich mag

ÜBUNG 4

Motivatoren: Status quo Ihrer Motivatoren

Ruth: Nehmen Sie sich ein großes Blatt Papier und nach Möglichkeit sechs verschiedenfarbige Stifte – dann wird es noch anschaulicher.

Malen Sie einen großen Kreis und teilen Sie diesen wie eine Torte in sechs gleich große Segmente ein.

An den äußeren Rand jedes einzelnen Segments schreiben Sie nun jeweils einen Ihrer in Übung 3 ermittelten Motivatoren. Nutzen Sie für jeden Motivator eine andere Farbe.

Wie viel von Ihren Motivatoren leben Sie bereits heute aus? Nehmen Sie eine Ihnen passend erscheinende Farbe für die Motivatoren und malen Sie die entsprechende Fläche in jedem Tortenstück aus oder schreiben Sie einfach die Prozentzahlen in das Feld hinein.

Hier ein schönes Beispiel für eine Motivatoren-„Torte":

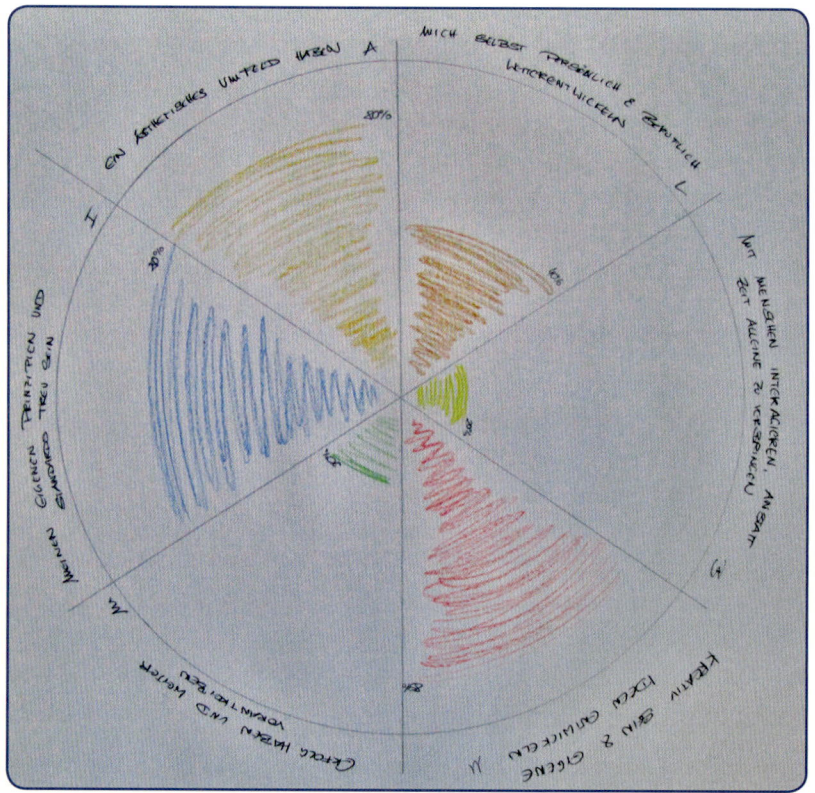

Motivatoren-Torte von Kerstin Huven

Ein Bildausschnitt aus Tanja Peters Beispiel zeigt: farbenfroh – aber nur teilweise schon gut gefüllt.

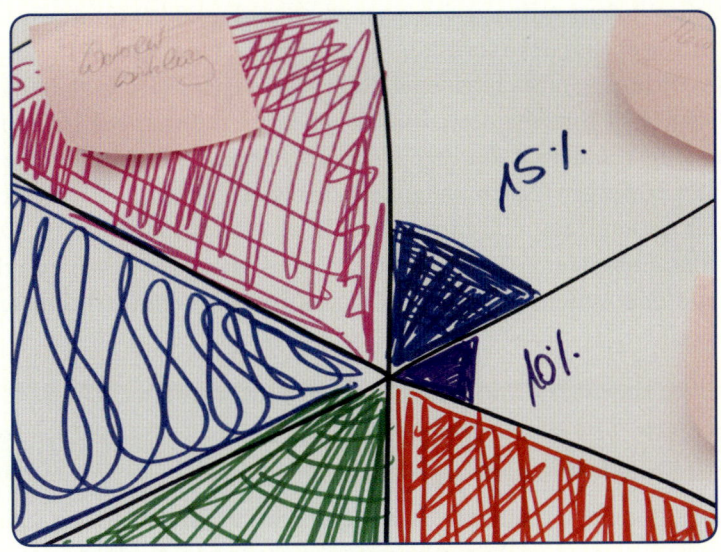

Motivatoren-Torte von Tanja Peters

RUTH: Wenn Sie Ihre „Motivatoren-Torte" fertig haben, zeigt sich ein deutliches Bild: Was ist schon in Hülle und Fülle vorhanden und wo sind noch größerer Lücken? Was kommt zu kurz? Welche Motivatoren können Sie schon ausleben?

Unser Gehirn fängt natürlich sofort an, diese Informationen zu verarbeiten, und es spricht nichts dagegen, sofort mit der Befriedigung der Motivatoren zu beginnen. Einfacher wird es natürlich, wenn Sie das Buch vollständig durchgearbeitet haben, denn die Motivatoren sind ja nur ein Bereich, in dem Sie mehr Erfüllung erreichen wollen.

TANJA: Dank Kerstin Huven, der Inhaberin der Firma inbetweener, erlebten wir direkt in unserem Workshop, wie schnell sich dieses Wissen auf die folgenden Handlungen auswirken kann. Sie hatte nämlich in einer Workshop-Pause ein Gespräch mit einem Auftraggeber…

KERSTIN HUVEN: Was mich erstaunt hat, war weniger der Motivator an sich. Es waren vielmehr der Raum und der Stellenwert, den er in der Motivatoren-Torte eingenommen hat. Das ästhetische Umfeld war mir immer wichtig, erschien mir jedoch ebenso immer als ein Beiwerk, als Sahnehäubchen auf dem Kuchen des beruflichen Alltags. Zu sehen, dass so etwas vormals Nebensächliches gleichberechtigt und mit berechtigtem Anspruch neben anderem stehen kann, war für mich eine ganz schöne und in der Tat motivierende Perspektive.

Das Gespräch mit dem Auftraggeber war schon vorher anberaumt worden, für die Zeit in der Mittagspause des Workshop-Tages. Neu war, dass genau dieser Motivator in der Auftragsklärung tatsächlich eine Rolle gespielt hat. Bei der Planung des Tages haben wir sehr gezielt geschaut, was an ästhetischen Rahmungen im Auftrag möglich ist. Das ging von der Gestaltung des Raums über die Einbindung von anderen methodischen Zugängen – auch Metaphern, innere Bilder und Geschichten machen einen Teil der Ästhetik aus – bis hin zu den kleinen Details, wie Plakate, Dankespräsente für Referenten oder Arbeitsmaterial. Und es war ganz schön zu erleben, wie wertschätzend das Außen diesen Anspruch aufnimmt, wenn ich ihm selbst einen Wert beimesse.

In der Arbeit mit meinen Kunden zeigt sich nun mehr und mehr, dass es unter anderem eben dieser Sinn für Ästhetik ist, der einen feinen, aber deutlich wahrnehmbaren Unterschied macht.

RUTH: Eine neu- oder wiederentdeckte Motivation kann den Alltag sofort verbessern, wenn sie wahr- und wichtig genommen wird. Am Ende führt das auch zu besseren Arbeitsergebnissen!

Sie wissen jetzt, welche Motivatoren für Sie wichtig sind, wie Ihr Status quo einzuschätzen ist und wo Verbesserungen her müssen. Kommen wir nun zum nächsten Bereich, der Berufung.

3.4.3 Was ist Ihre Berufung? Was ist Ihre Passion? „Leiden" Sie unter Visionen?

TANJA: Berufung, Passion und Visionen: schon als Wörter echte Schwergewichte. Aber das kommt uns gerade recht. Denn es geht hier um die Dinge, für die Sie brennen. Für die Sie auch mal zu leiden bereit sind. Es geht nicht um dauerhafte Verletzungen, sondern darum, dass Widerstände und Unwägbarkeiten Sie nicht daran hindern, diese Dinge, Gedanken oder Träume weiter voranzutreiben.

RUTH: „Wer Visionen hat, soll zum Arzt gehen", ist ein immer wieder gern zitierter Ausspruch von Harald Schmidt. Er hat ihn selbst entschärft, indem er später erklärte, es sei eine pampige Antwort gewesen auf eine dusselige Frage: „Wo ist Ihre große Vision?" Ich möchte gerne hinzufügen: Wer keine mehr hat, muss auch zum Arzt!

TANJA: Manchmal verschlucken wir uns derart an Alltagsthemen, dass uns unsere wahren Leidenschaften im Hals stecken bleiben. Aber wenn wir uns damit beschäftigen, spüren wir schnell wieder einen langen Atem.

Ruth: Und Achtung, hier geht es nicht um konkrete Ziele. Hier gilt: „Fuck S.M.A.R.T." – keine messbaren Ziele, keine smarte Erreichbarkeit. Möglicherweise sind es auch Dinge, die erst ein, zwei Generationen nach uns Früchte tragen …

Berufung: Welche Spuren wollen Sie hinterlassen?

ÜBUNG 5

Ruth: Die erste von insgesamt drei Aufgaben zu diesem Thema ist ein „Klassiker" für fast alle Coachs und ist Ihnen wahrscheinlich als „Trauerrede" bekannt. Ich mag diese Bezeichnung nicht so sehr, lassen Sie mich die Aufgabe deshalb lieber so stellen:
Was wünschen Sie sich, was von Ihnen übrig bleibt, wenn Sie diese Welt verlassen?
Welche Spuren sollen von Ihnen bleiben?
Was sollen die Menschen um Sie herum über Sie sagen?
Woran sollen sie sich erinnern?

Verwenden Sie Verben, denn in ihnen drückt sich Handeln aus. Und an Ihren Taten, nicht am Schein wollen Sie gemessen werden – oder? Zumal dann, wenn Sie eigentlich schon tot sind und nicht mehr handeln können ☺.

Tanja Peters hat aus dieser Aufgabe eine Liste gemacht:

Welche Fußstapfen möchte ich in der Welt hinterlassen?

- Ich möchte, dass meine Nichten mich als coole Tante wahrnehmen, die immer für sie da ist und ein offenes Ohr hat. Die locker und lustig ist und sie liebt, egal was sie mache oder wie sie sind. Bedienungslos, sozusagen.
- Ich möchte alt werden mit meinem Mann und wachsen in der Beziehung, über meine eigenen Begrenzungen hinaus.
- Ich möchte Bücher und Geschichten hinterlassen, die Relevanz für die Menschen haben.
- Ich möchte Menschen begleiten, die Unterstützung und Heilung benötigen.
- Ich möchte Menschen helfen, sich zu Veränderung, zu wachsen, glücklich zu werden, ihr volles Potential zu entwickeln.
- Ich möchte Vorträge halten und Trainings durchführen, die Menschen berühren und bewegen.
- Ich möchte so erfolgreich sein, dass ich viel Geld in Seminare, Workshops, Beratung und Wellness stecken kann, um in meinen persönlichen Wachstum zu investieren und Spaß und Freude am Leben zu haben.
- Ich möchte mich ehrenamtlich engagieren und Menschen helfen.
- Ich möchte meine Spiritualität mit meinem Beruf verbinden und diese leben können.

Spuren, die Tanja Peters hinterlassen möchte

Tanja: Als Coach verwendet man diese Aufgabe gerne für seinen Klienten. Interessanterweise war Ruth die Erste, die sie mir gestellt hat. Für meine Positionierung war die Beantwortung dieser Fragen ein großes Aha-Erlebnis, und ehrlich gesagt denke ich tatsächlich darüber nach, meine Antworten für die „Nachwelt" aufzubewahren.

Ruth: Okay Tanja, bis dahin ist es hoffentlich noch sehr lange hin. Bleiben wir mal in der Gegenwart … Sie können Ihre Ergebnisse für einen kleinen Moment zur Seite legen und wir machen mit einer anderen, interessanten Aufgabe weiter.

ÜBUNG 6

Berufung: Ihre Vorbilder

Ruth: Gibt es ein „Role Model" für Ihr Leben? Also ein Vorbild, dem Sie nacheifern im positiven Sinne? Bitte beschreiben Sie, wer es ist und warum der- oder diejenige für Sie vorbildlich ist.

Ihr Vorbild muss kein Promi sein und natürlich gilt auch hier: „Nobody is perfect."

Welche Vorbilder hat Tanja Peters für sich entdeckt?

Tanja Peters hat die Aufgabe mit einer Collage gelöst. Diese zeigt eine beachtliche Bandbreite von ganz unterschiedlichen Frauen! Aber sie haben mehr gemein, als man auf den ersten Blick meint …

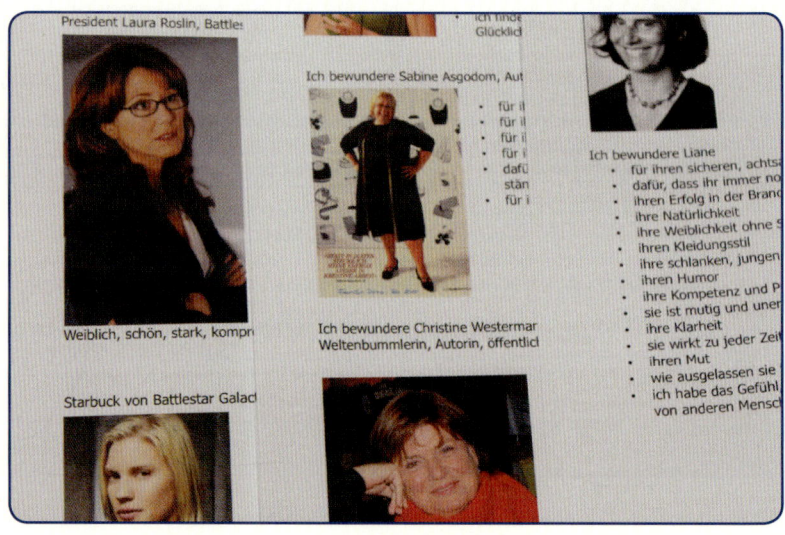

Vorbilder: Ausschnitt aus Tanja Peters Aufstellung

Berufung: Der Aufmacher sind Sie!

RUTH: Diese Aufgabe wird Sie etwas mehr Zeit kosten. Auch hier können Sie sich gerne kreativ austoben!

Stellen Sie sich vor: Eine auflagenstarke Zeitung druckt in einigen Jahren eine Ausgabe, in der Sie Aufmacher und Titelthema sind:

- Welche Zeitung, welches Magazin ist es?
- Wie sieht das Titelbild aus bzw. was ist darauf zu finden?
- Es gibt einige Seiten über Sie: Was ist dort zu lesen?

Sie können die Aufgabe lösen, indem Sie Ihre Antworten eher skizzieren. Sie können sich aber auch so richtig kreativ betätigen: Collage, nur Text, Bilder – machen Sie das so, wie es Ihnen entspricht. Sie sollten das Erscheinen der Zeitung natürlich in die Zukunft verlegen, mindestens fünf Jahre – aber auch gerne in die Zeit nach Ihrem Tod. Alles ist erlaubt.

Sollten Sie merken, dass Sie sich selbst zu sehr boykottieren und dass immer wieder der Verstand den Spaß oder die Idee „hinrichten" will, dann begegnen Sie dem mit Kreativität. Zeichnen Sie Ihre Vision oder schreiben Sie ohne großes Nachdenken aus dem Bauch raus. Oder, falls Sie den Kindern Knete klauen können, dann beschäftigen Sie Ihre Finger damit und Sie werden sehen: Das hilft! Ich würde mich, ob mit Stift, Papier oder Aufnahmegerät, dorthin zurückziehen, wo ich „geschützt" denken kann. Wahrscheinlich würde ich unter dem Kastanienbaum im Garten landen und dort über der Zeitung brüten.

Wie hat Tanja Peters ihre Zeitung gestaltet?

Tanja Peters hat für diese Aufgabe die auflagenstarke Zeitschrift „Brigitte" gewählt. Rückblickend, so viel sei hier schon verraten, hat sich ihr Artikel eher als realistisch und nicht so sehr als visionär erwiesen.

Sie sehen hier einen Ausschnitt des Textes, den Tanja Peters der Brigitte „angedichtet" hat. Damals noch mit ihrer angedachten Positionierung als „Die Frau für die Krise":

Ausschnitt aus Tanja Peters Aufmacher

RUTH: Wenn sich Ihre Mundwinkel wie von selbst an den Augenwinkeln „festtackern" und Sie lächeln müssen, dann ist die Visionsarbeit abgeschlossen. Jetzt gehen wir daran, die drei Bereiche zusammenzuschieben.

3.5 Coach, wofür lebst du? Coach, wofür stehst du?

Ruth: Nun beginnen wir mit dem Zusammenschieben der drei Bereiche: Fähigkeiten, Motivatoren und Berufung. Damit nähern wir uns Ihrem „Wohlfühl-Berufsleben". Bitte packen Sie sich alle dafür benötigten Unterlagen – also die bisher bearbeiteten Übungen – in erreichbare Nähe.

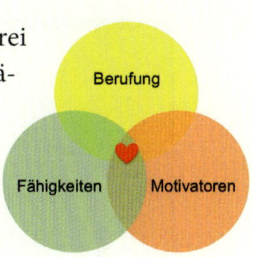

ÜBUNG 8

„Coach, wofür lebst du?": Ihre Rollen

Wahrscheinlich haben Sie in den vorhergehenden Übungen bemerkt, dass Sie mit ganz unterschiedlichen Rollen unterwegs sind und diverse „Hüte" aufhaben: als Partner, Familienmitglied, Coach, Trainer usw. Wir werden im ersten Schritt alle diese Rollen sammeln und sie zum Ende hin auf die wesentlichen reduzieren.

1. Schritt – Sammeln:

Schreiben Sie jede Rolle auf einen eigenen Zettel. Auch die, die Sie zukünftig für sich wichtig finden. Vielleicht fallen Ihnen ad hoc ganz viele Ihrer Rollen ein. Sie können aber auch sehr methodisch vorgehen und so gleich überprüfen, ob Sie auch alles haben:
- Welche Rollen ergeben sich aus Übung 1 zum „wirklichen Lebenslauf"?
- Welche Rollen ergeben sich aus den Lektionen von Übung 2, zu den letzten zehn Jahren?
- Welche Rollen ergeben sich aus Übung 5, zu den Spuren, die Sie hinterlassen wollen?
- Welchen Rollen ergeben sich aus Übung 6, aus Ihren Vorbildern? – Hier werden Sie erkennen, dass nicht alles am Model „top" ist und Sie nur Teile der Persönlichkeit für sich integrieren wollen.
- Welche Rollen waren im Aufmacher Ihrer Zeitung (Übung 7) wichtig?

2. Schritt – Rollenverständnis:

Füllen Sie im nächsten Schritt jede Rolle mit Leben, indem Sie auf der jeweiligen Karte notieren, was Ihnen in dieser Rolle wichtig ist.

Wichtig: Formulieren sie aktiv und möglichst konkret und verzichten Sie möglichst auf Hilfsverben wie „sein", „haben" etc.

Hier eine Rolle von Tanja Peters mit den wichtigsten Eigenschaften:

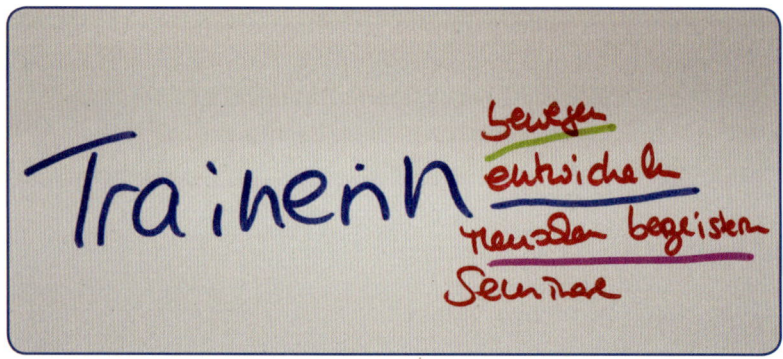

3. Schritt – Reduktion:

Sortieren Sie die Rollen aus, bei denen Sie nichts „Wichtiges" finden. In Ihrem Leben spielen sie eher eine unbedeutende Rolle, bei Tanja Peters war das z. B. die Rolle „Ehrenamt".

Reduzieren Sie ihre „Rollen-Karten", so gut es geht. Besonders kritisch zu betrachten sind solche Karten, auf denen sich nur ein oder zwei Aspekte befinden.

Ziel: Aber am Ende sollten privat und beruflich nicht mehr als etwa sieben Karten übrig bleiben. Vielleicht entdecken Sie, dass eine Role-Model-Karte unwichtig ist, weil Sie diese Seite des Vorbilds schon in einer Tätigkeit, z. B. als Trainer, ausüben.

Wenn Sie fertig sind, gleichen Sie jede Ihrer Karten mit den Motivatoren ab. Passt das? Finden die Aspekte, die Sie in diesen Rollen verkörpern (wollen), Widerhall in den Motivatoren?

Tanja: Wenn die Motivation nicht stimmt, können Sie auf die Rolle wahrscheinlich verzichten. Ein gutes Beispiel hierfür sind Karten wie „Steuerzahler" oder „Schulelternpflegschaftsleiter". Das sind für die meisten (!) Menschen eher lästige Rollen und Pflichten. Sie mögen sogar ein bis zwei wichtige Aspekte auf diese Karten aufgeschrieben haben, aber im Abgleich mit den Motivatoren stellen Sie dann fest, dass Sie diese Rollen zukünftig nicht so wichtig nehmen sollten (und trotzdem Steuern zahlen!).

„Coach, wofür lebst du?": Gemeinsamkeiten Ihrer Rollen

RUTH: Vergleichen Sie nun alle in Übung 8 erstellten Karten miteinander und markieren Sie in je einer Farbe mögliche Gemeinsamkeiten. Sie werden überrascht sein, wie viele gleiche Begriffe oder Synonyme Sie benutzt haben – in ganz unterschiedlichen Rollen.

Diese Aufgabe liefert uns zu einem späteren Zeitpunkt wichtige Erkenntnisse.

Wie hat Tanja Peters die Aufgabe gelöst?

Hier können Sie sehen, wie Tanja Peters Rollen nach der ersten Reduktion und den gesuchten (und gefundenen!) Gemeinsamkeiten ausgesehen haben:

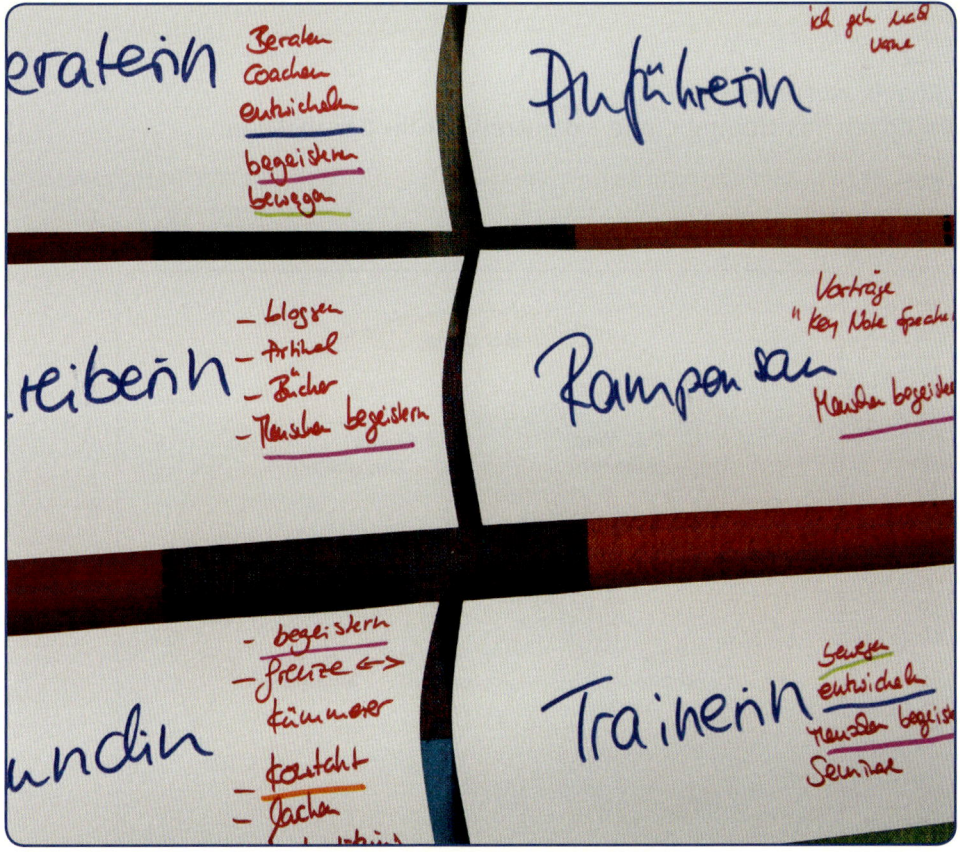

3.6   Ein Kreis für Ihr Leben:
Ihr eigener „Coach Positioning Circle"

RUTH: Um alle Ergebnisse in Ihr Resultat einfließen zu lassen und trotzdem einen Flow zu verspüren, sollten Sie das Ausfüllen Ihres Kreises unbedingt ohne Unterbrechung machen. Sie werden dafür nicht länger als eine Stunde brauchen, versprochen. Und es lohnt sich, Mark Twain meinte: „Die zwei wichtigsten Tage deines Lebens sind der Tag, an dem du geboren wurdest, und der Tag, an dem du herausfindest, warum."

Legen Sie wieder alle bisherigen Übungen in Sichtweite, besonders Ihre „Motivatoren-Torte".

ÜBUNG 10

„Coach, wofür lebst du?":
Ihr Coach Positioning Circle – der Kreis für Ihr Berufsleben

TANJA: Die Form, die Ihnen beim Kreieren Ihres zukünftigen Berufslebens hilft, ist ein in verschiedene Felder unterteilter Kreis. Hier sehen Sie die leere Form, mit der Gliederung:

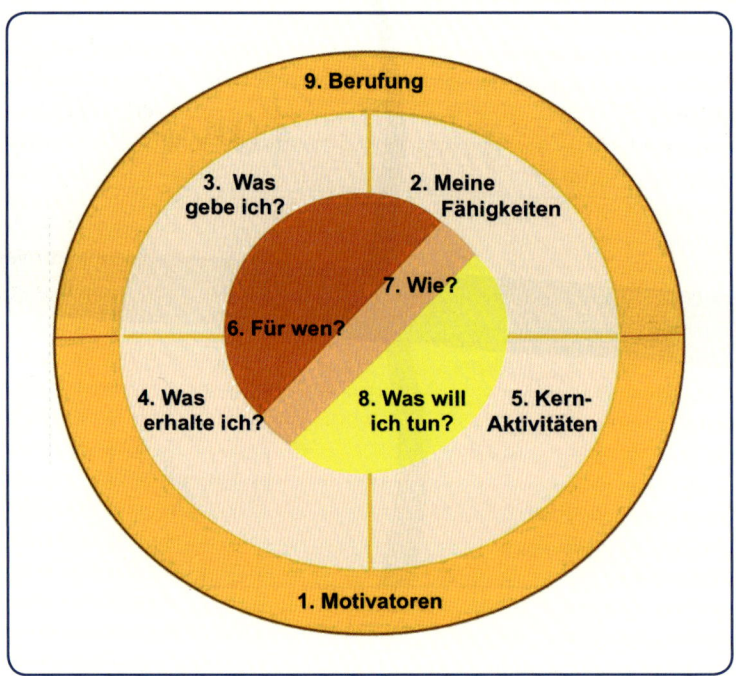

Tanja: Eine Kopiervorlage ohne Texte finden Sie übrigens im Anhang und auch als Download auf ↗ http://www.junfermann.de.

Ruth: In welcher Reihenfolge der Kreis ausgefüllt wird, ist eine Sache, die ich eigentlich immer im Dialog des Positionierungs-Prozesses spontan entscheide. Aber für Sie gehen wir jetzt mal so vor, wie es sich in den allermeisten Fällen bisher als „logisch" und zweckmäßig erwiesen hat. Und keine Sorge: Die Antworten für jedes einzelne Feld sind Ihnen bei den vorbereitenden Übungen garantiert durch den Kopf – oder gar in die Tastatur – geschossen.

1. Motivatoren: Fangen Sie ganz unten bei der Außenhülle an. In der unteren Hälfte des äußersten Rings tragen Sie als Fundament zunächst Ihre sechs Motivatoren ein.

2. Fähigkeiten: Dann kommen Sie zu dem Feld, dass Sie ganz am Anfang Ihrer Aufgaben erarbeitet haben. Welche Fähigkeiten haben Sie? Schnell werden Sie feststellen, dass das Feld für Sie gar nicht ausreicht. Sie dürfen abkürzen, müssen nicht jede einzelne Qualifikation aufzählen. Achten Sie stattdessen darauf, dass Sie die Dinge berücksichtigen, die Ihnen so scheinbar selbstverständlich mit in die Wiege gelegt wurden, wie „neugierig", „diszipliniert" oder „unternehmerisch besonders begabt", und gleichen Sie diese mit Ihren Lektionen der letzten zehn Jahre ab (Übung 2).

3. Was gebe ich? Hierzu gab es im Vorfeld noch keine Übung. Ein paar Dinge sind sonnenklar: Zeit, Wissen, Engagement. Aber denken Sie auch besondere Dinge, die Sie mitgeben, wie Energie oder Kontakte in Fachkreise.

4. Was erhalte ich? Umgekehrt erhalten Sie natürlich auch Dinge – und das nicht zu knapp! Geld und Vertrauen, das ist noch einfach. Aber danach sieht das Feld bei jedem ein wenig anders aus. Hier ist auch Platz, um beim Thema Geld bereits konkret zu werden: Stundensatz, Tagessatz, Seminarpreise – was immer für Sie gilt, können Sie hier festhalten.

5. Kern-Aktivitäten: Was werden Sie jeden Tag oder fast jeden Tag tun? Worin besteht Ihr Alltag? Manche Klienten schauen mich schief an und tragen dann „Marketing" oder sogar „Social Media" ein. Nur in drei Fällen fand ich das bisher zutreffend! Ansonsten kommt von mir dann die Frage: „Willst du Social-Media-Experte werden oder willst du coachen?" Ich meine damit, dass hier die Aktivitäten gefragt sind, die Ihr Kerngeschäft und Ihr Leben auszeichnen. Bei Tanja Peters steht dort zum Beispiel „schreiben" (schauen Sie sich ihren Blog an!), bei mir ist das Lesen dort zu finden und bei Tanja Klein meditieren. Was immer es braucht, um gut zu arbeiten, gehört hier mit hinein.

Als Beispiel hier das Feld der „Kern-Aktivitäten" von Tanja Peters:

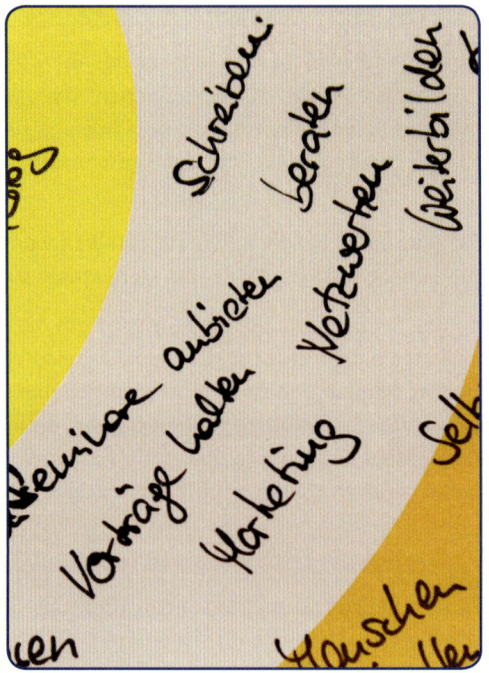

6. Für wen? – Zielgruppe: Jetzt kommen wir zum Kern des Kreises. In den ersten Teil kommt die **Zielgruppe: Für wen** wollen Sie arbeiten? Und ja, explizit haben wir über diese noch gar nicht gesprochen. Und trotzdem bin ich sicher, dass Sie nun eine präzise Vorstellung von den Menschen haben oder gewinnen können, mit denen Sie gerne arbeiten würden. Also, für wen wollen Sie am allerliebsten als Coach oder Trainer tätig werden? Seien Sie auch hier möglichst konkret in Ihrer Aussage. Soziodemografische Kriterien können genauso Teil der Definition sein wie Hobbys der Zielgruppe, Ausbildungsfaktoren oder gemeinsame Erlebnisse.

7. Wie wollen Sie arbeiten?: Das nächste Feld direkt darunter speist sich aus Ihren Kernaktivitäten. Was ist die Essenz daraus, in Bezug auf Ihre Zielgruppe? Der bekannte Dreiklang (Trainer, Berater, Coach) ist in den seltensten Fällen noch richtig oder stark konkretisiert. Viel wahrscheinlicher, dass Sie nun ein bis zwei Schwerpunkte haben. Bei Tanja Peters beispielsweise steht dort: „Seminare abhalten".

8. Was wollen Sie tun? Nun folgt das letzte Kernstück. Wie tun Sie, was Sie tun? Was ist Ihre Methode, um Ihre Zielgruppe mit dem, was Sie tun wollen, zu erreichen? Sind es 1:1-Coachings, zu schreibende Bücher oder Webinare? Wenn Ihnen schwerfällt, diesen Bereich zu füttern, dann denken Sie daran, wo man Sie bzw. Ihre Ergebnisse überall „sehen" kann, wenn Sie arbeiten.

9. Ihre Berufung: Kommen wir zum allerletzten Feld! Fast alles ist nun mit Inhalt gefüllt, mit der Arbeit, die Sie tun wollen und die nun beginnt, in Ihnen lebendig zu werden. Hören Sie auf Ihren Bauch und geben Sie sich dem Feld hin ☺. Was ist Ihre Berufung? Raus damit! Schreiben Sie es hin, denken Sie vor allem nicht darüber nach, was andere dazu sagen könnten. Nutzen Sie die Kraft dieser Passion. Ich gebe zu, dass ich an dieser Stelle am liebsten einen kurzen, knackigen Satz sehe.

Tanja: Das gilt bei dir ja fast immer! Aber letztendlich ist uns alles recht, was Ihr Herz höher schlagen lässt. Manchmal gelingt ein Satz, der schon wie ein Slogan funktionieren kann. Manchmal ist es aber auch nur ein Satz, den nie irgendwer in dieser Form zu hören oder zu sehen bekommt.

Ruth: Tanja Peters Beispiel macht richtig Laune und ist seither ihre aktive, täglich gelebte Mission: „Ich mach' Menschen mutiger!"

Fertig?!? Dann haben Sie es geschafft und Ihr neues Berufsleben vor sich. So sollte es aussehen. Sie erkennen, dass Sie schon fast einen kleinen Business-Plan vor sich haben bzw. genau wissen, was nun erste Schritte zur Umsetzung sind.

Eine gute Idee ist es, sich Ihren Coach Positionierungs Circle gut sichtbar aufzuhängen.

Tanja: Ich habe ihn direkt über meinem Schreibtisch hängen. Mein Berufungsthema lernen Sie später noch in Kapitel 5 kennen.

Ruth: Sie wissen nun, was Sie für wen tun können, ohne dass Ihnen diese Arbeit zur Last wird. Egal wie und womit: Fangen Sie an mit der Veränderung! Wenn Sie schon ein Konzept vor sich sehen, mit dem, was zu tun und zu verändern ist, dann bitte jetzt gleich mit Excel oder per Hand einen schönen Plan entwickeln und auch diesen ins Büro hängen, in den Terminkalender eintragen oder als Notizen in Ihr Smartphone tippen.

Wenn Sie nun nicht so genau wissen, wo Sie anfangen sollen: Nehmen Sie einfach Ihre Motivations-Torte zur Hand und Sie können gleich damit loslegen, Ihre neuen Erkenntnisse in praktische Erfahrung umzusetzen. Denn wenn Sie Ihre Lücken betrachten, werden Sie wissen, was Sie direkt ändern können. Egal ob Sie einen Auftrag annehmen wollen, eine Fortbildung in Erwägung ziehen oder eine Entscheidung für den Außenauftritt treffen: Prüfen Sie ab, ob Sie Ihre Motivatoren damit bedienen oder negieren. Letztere gehören zu den wichtigsten Ankerpunkten für ein erfülltes Leben! Tanja Peters hat ihr Ergebnis vom ersten Tag an mit Leben gefüllt und das hat sich sehr gelohnt. Wie genau, das verraten wir Ihnen in Kapitel 5.

Tanja: Falls Ihnen das jetzt noch zu weit weg vorkommt oder Sie tausend Hindernisse sehen … Kein Problem! Vielen Menschen geht es so wie Ihnen. Deshalb haben wir direkt das folgende Kapitel geschrieben!

4. | Sie können Ihr Coaching-Know-how zum Thema Positionierung nutzen

TANJA: Haben Sie Ihre authentische Positionierung gefunden? Hoffentlich ging es Ihnen wie mir und Sie hatten sogar Spaß dabei. Mir machen diese kreativen Übungen Freude und ehrlich gesagt nehme ich mir selten so viel Zeit für meine eigene „Innenschau".

RUTH: Genau um dieses Thema geht es jetzt auch in „Tanjas Kapitel". Bei mir endet der Positionierungsprozess an dem Punkt, wo die Coachs wie Läufer eines Wettrennens am Startpunkt stehen und nach dem Signal (= passende Positionierung) direkt losrennen könnten. Doch immer wieder kommt es vor, dass die Umsetzung stockt. Wie Läufer, die trotz ertönten Startsignals einfach stehen bleiben oder im Schneckentempo die 100 Meter laufen oder gar vor unsichtbaren Hürden stehen bleiben. An dieser Stelle bin ich als Marketingexpertin mit meinem Latein am Ende und ich empfehle den Gang zu einem guten Coach.

4.1 Coaching-unterstützte Auswahl der Positionierung

TANJA: Für diese Verzögerung gibt es gute Gründe. Manchmal liegt es an der Art der gefundenen Positionierung. Vielleicht ist diese noch nicht ganz greifbar oder Sie haben mehr als zwei oder drei Optionen und die Entscheidung fällt Ihnen schwer. Aber zum Glück können Sie sich hier mit guten Coachingmethoden ganz wunderbar unterstützen lassen.

Manchmal fehlt einfach die Vorstellungskraft, ob das erzielte Ergebnis wirklich die passende Positionierung ist. Es gibt Menschen, die können in einem Rohbau stehen und sehen schon die ganze Einrichtung vor ihrem geistigen Auge. Ich persönlich muss mir dafür erst einen Plan malen, die Möbel ausschneiden und im passenden Maßstab hin und her schieben. Damit dies im übertragenen Sinne auch mit Ihrer Positionierung gelingt, nutze ich sehr gerne die Coachingmethode der Logischen Ebenen von Robert Dilts. Sie hilft ganz großartig dabei, abstrakte Ziele oder eine schriftlich festgehaltene Positionierung besser spürbar zu machen. Dieses Format kommt aus dem NLP und beinhaltet sieben Stufen. Diese stellen einen Versuch dar, Kategorien der menschlichen Persönlichkeit bzw. die Ebenen einer Veränderung besser darzustellen:

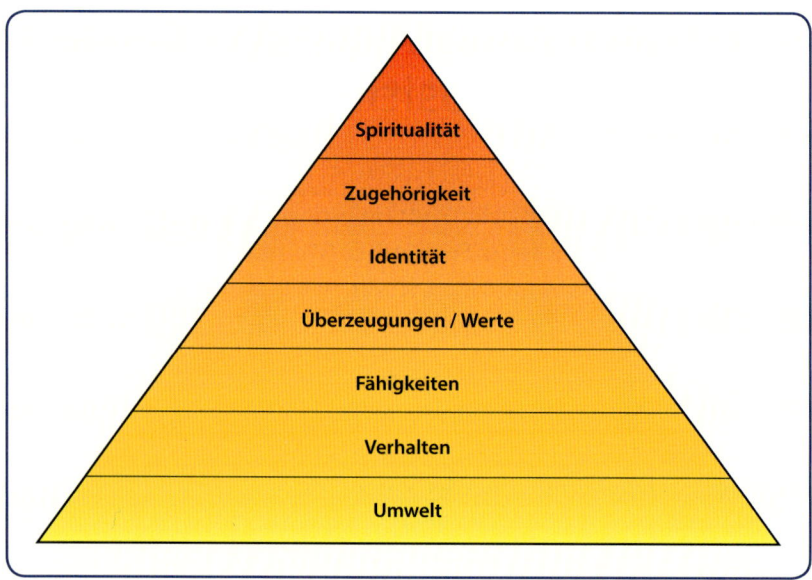

Die Logischen Ebenen nach Robert Dilts

Wie komme ich jetzt mit diesem Modell zu meinem Ergebnis? Ich habe das Format so beschrieben, dass auch jemand ohne Coachingausbildung diese Übung gut mit Ihnen durchgehen kann. Aber ein gut ausgebildeter Coach an Ihrer Seite ist sicherlich ein großer Mehrwert ☺.

ÜBUNG 11

Logische Ebenen – So machen Sie Ihre Positionierung spürbar:

1. Nehmen Sie sieben Karteikarten oder Zettel zur Hand und schreiben auf jede/n jeweils den Namen einer Logischen Ebene.
2. Legen Sie diese in der oben beschriebenen Reihenfolge mit circa 30 cm Abstand voneinander vor sich auf dem Boden aus. Das sind jetzt Ihre Bodenanker.
3. Stellen Sie sich auf den ersten Bodenanker (Umwelt) und hören ab jetzt nur noch den Fragen Ihres Coachs (s. u.) zu. Bitte beantworten Sie diese aus dem Bauch heraus. Ihr Prozessbegleiter lässt Sie mit den vorgelesenen Fragen erst die sieben Stufen hinaufgehen und anschließend mit den gewonnenen Erkenntnissen wieder mit neuen Fragen zurückgehen. Sie stehen dabei immer auf dem passenden Bodenanker.

Hinweis: Bewerten Sie nicht die ersten Gedanken und Bilder, die Ihnen durch den Kopf schießen. Lassen Sie einfach zu, was sich innerlich zeigt. Und los geht's:

Der Weg von der Umwelt zur Spiritualität:

Stufe:	Fragen / Aussagen:
Umwelt	**Wenn du so (z. B. als Mut-Coach) positioniert bist …** ■ Wie ist dann die Umgebung, in der du arbeitest? ■ Was siehst / hörst / riechst / schmeckst / spürst du? ■ Wer ist da noch? ■ Was kannst du sehen, wenn du aus dem Fenster siehst? ■ Nimm all das jetzt mit zur nächsten Stufe.
Verhalten	**Wenn du so positioniert bist …** ■ Was tust du dann gerade (sitzen, sprechen, telefonieren, coachen …)? ■ Wie genau verhältst du dich in der Situation? ■ Wie sprichst du? ■ Welches Gefühl erlebst du? ■ Was könnte jemand von außen an dir beobachten? ■ Und was tust du noch? ■ Nimm all das jetzt mit zur nächsten Stufe.
Fähigkeiten	**Wenn du so positioniert bist …** ■ Welche deiner Fähigkeiten kannst du dann gut einsetzen? ■ Wie genau setzt du dann diese Fähigkeiten ein? ■ Welche deiner Eigenschaften zeigen sich bei der Arbeit innerhalb deiner authentischen Positionierung? ■ Welche Fähigkeiten sind da noch? ■ Nimm all das jetzt mit zur nächsten Stufe.
Werte / Glaubenssätze	**Wenn du so positioniert bist …** ■ Welche positiven Glaubenssätze hast du dann über dich selbst? ■ Welche positiven Glaubenssätze hast du dann über andere und die Welt? ■ Welche Werte kannst du leben, wenn du authentisch positioniert bist? ■ Was denkst du über dich und deine Positionierung? ■ Nimm all das jetzt mit zur nächsten Stufe.
Identität	**Wenn du so positioniert bist …** ■ Wer und wie bist du dann? ■ Was ist deine Aufgabe dann im Leben? ■ Was macht dich als Person aus? ■ Wenn du dich mit dieser Positionierung von außen sehen könntest: Wer ist diese Person wohl? Und wie geht es ihr? ■ Nimm all das jetzt mit zur nächsten Stufe.

Stufe:	Fragen / Aussagen:
Zugehörigkeit	**Wenn du so positioniert bist …** ■ Wem oder was fühlst du dich dann zugehörig? ■ Welches ist das Ganze, dem du angehörst? ■ Wovon bist du ein Teil? ■ Nimm all das jetzt mit zur nächsten Stufe.
Spiritualität	**Wenn du so positioniert bist …** ■ Was ist da noch? Spür einfach in Ruhe hin und gib mir dann ein Zeichen, wenn du so weit bist.

Hinweis für den durchführenden Coach: Jetzt geht es ganz langsam wieder mit anderen Fragen die Stufen hinunter. Und auch wenn diese Fragen jetzt fast immer gleich klingen, liefern sie doch, je nach aktueller Stufe, andere und wichtige Erkenntnisse.

Stufe:	Fragen / Aussagen:
Spiritualität	**Wenn du lange genug das alles wahrgenommen hast, gehen wir jetzt wieder zurück** (umdrehen lassen):
Zugehörigkeit	**Wenn du so positioniert bist …** ■ Mit dem Wissen von jetzt: Was ist hier jetzt noch? ■ Mit dem Wissen von jetzt: Was ist hier jetzt anders?
Identität	**Wenn du so positioniert bist …** ■ Mit dem Wissen von jetzt: Was ist hier jetzt noch? ■ Mit dem Wissen von jetzt: Was ist hier jetzt anders?
Werte / Glaubenssätze	**Wenn du so positioniert bist …** ■ Mit dem Wissen von jetzt: Was ist hier jetzt noch? ■ Mit dem Wissen von jetzt: Was ist hier jetzt anders?
Fähigkeiten	**Wenn du so positioniert bist …** ■ Mit dem Wissen von jetzt: Was ist hier jetzt noch? ■ Mit dem Wissen von jetzt: Was ist hier jetzt anders?
Verhalten	**Wenn du so positioniert bist …** ■ Mit dem Wissen von jetzt: Was ist hier jetzt noch? ■ Mit dem Wissen von jetzt: Was ist hier jetzt anders?
Umwelt	**Wenn du so positioniert bist …** ■ Mit dem Wissen von jetzt: Was ist hier jetzt noch? ■ Mit dem Wissen von jetzt: Was ist hier jetzt anders?

Dieses Format braucht gut eine Stunde für den Weg hin und zurück. Nehmen Sie sich diese Zeit, um alle Aspekte der neuen Positionierung zu spüren. Am Ende haben Sie ein gutes Gefühl, ob diese Positionierung wirklich passt oder ob Sie lieber mit einer anderen Positionierung dieses Format noch einmal durchlaufen wollen.

Tipp: Natürlich können Sie das Format auch allein durchführen und sich mit viel Disziplin die Fragen selbst stellen. Allerdings werden so die leichten Trancezustände immer wieder unterbrochen, was gegebenenfalls zu einem schlechteren Ergebnis führt.

RUTH: So manche Ebenen erinnern Sie vielleicht an Kapitel 3 und kommen Ihnen bekannt vor. Ich kann Ihnen nur empfehlen, diese Übung trotzdem zu machen. Es macht einen Unterschied, ob man sich in seine Fähigkeiten reindenkt oder wie hier auf den Bodenankern wirklich spürt.

TANJA: Es ist systemisch gesehen eine Mischung aus einer lösungsfokussierten Aufstellung und einem klassischen NLP-Format. Deshalb ist es aus meiner Sicht gleich doppelt hilfreich.

RUTH: Kommen wir jetzt zu einem Luxusproblem: Sie haben mehr als eine gute Möglichkeit gefunden, sich zu positionieren, und wollen sich für eine entscheiden. Eine sehr gute Idee … falls es Ihnen denn gelingt.

TANJA: An dieser Stelle wollen wir aber gleich etwas Stress rausnehmen, denn in Kapitel 5.2 zeigen wir Ihnen, wie Sie auch mit zwei verschiedenen Schwerpunkten eine gute Positionierung nach außen umsetzen können.

4.1.1 So wählen Sie zwischen verschiedenen Positionierungs-Möglichkeiten aus

RUTH: Manchmal ist es wie verhext: Erst fällt einem keine Positionierung ein und dann findet man vielleicht gleich zwei Standbeine und kann sich nicht entscheiden. Beide haben ihre Vor- und Nachteile und Tanja hat zum Glück eine Idee, wie man hier mithilfe Ihrer Methoden eine gute Auswahl trifft.

TANJA: Natürlich können Sie auch mit beiden Alternativen die Logischen Ebenen durchlaufen. Es gibt jedoch auch andere Werkzeuge, die Sie ans Ziel bringen. Mein Mittel der Wahl ist die Tetralemma-Aufstellung von Matthias Varga von Kibéd und Insa Sparrer. Ich nutze dieses Format gerne für alle Arten von Entscheidungen, bei denen zwei Optionen bestehen. Die Aufstellung benötigt kaum Vorbereitungszeit und die Durchführungszeit liegt meist bei höchstens zehn Minuten. Der einzige Nachteil ist, dass die meisten Kunden – und vielleicht auch Sie? – im ersten Moment denken: „So ein Quatsch, das kann nicht funktionieren!" Ehrlich gesagt: Ich habe noch nie erlebt, dass es nicht funktioniert. Bisher hat jeder Kunde einen Unterschied gespürt und ich habe noch keinen Kunden gefunden, der die so getroffene Entscheidung später bereut hätte – mich selbst eingeschlossen. Ich nutze dieses Format sehr gerne für mein eigenes Marketing oder auch für private Entscheidungen. Versprechen kann ich Ihnen hier natürlich nichts! Auch können wir Ihnen keine Garantie für die so getroffene Entscheidung geben. Der Rechtsweg ist ausgeschlossen ☺. Entscheiden Sie selbst, ob Sie dazu Lust haben und was Sie mit dem Ergebnis anfangen wollen.

ÜBUNG 12

Tetralemma Aufstellung

(frei interpretiert für das Thema Positionierung – an einem fiktiven Beispiel)

Auch bei diesem Format empfehlen wir Ihnen, einen Coach-Kollegen zur Hilfe zu nehmen. Mit viel Disziplin jedoch können Sie sich das Format gut einprägen und die Übung dann alleine durchführen. Für einen solchen „Allein-Gang" habe ich die Übung formuliert:

1. Bitte schreiben Sie als „Bodenanker" (siehe Übung 11) auf vier Karteikarten oder Zettel jeweils Folgendes auf:
   - Karte 1: die Bezeichnung für Alternative 1 der Positionierung (z. B. Life-Coaching für Kung-Fu-Kämpferinnen)
   - Karte 2: die Bezeichnung für Alternative 2 der Positionierung (z. B. CEO-Coach für DAX-Unternehmen)
   - Karte 3: beides
   - Karte 4: keines von beiden

2. Bitte legen Sie diese Bodenanker so aus, dass sich sowohl beide Alternativen gegenüberstehen als auch die Bodenanker für „Beides" und „Keines von beiden":

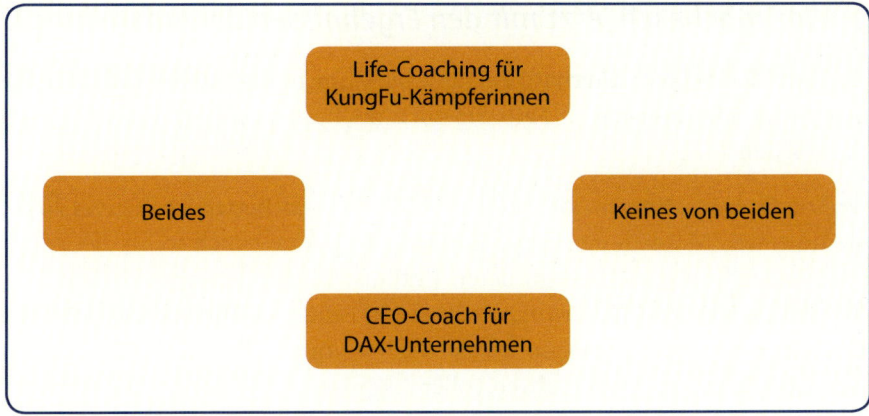

Tetralemma-Aufstellung nach Matthias Varga von Kibéd und Insa Sparrer

3. Wichtigster Punkt: Stellen Sie sich die richtige Frage! Es macht einen Unterschied, ob Sie wissen wollen, mit welcher Positionierung Sie das meiste Geld verdienen oder bei welcher Sie den meisten Spaß haben werden. Sie können *nur mit jeweils einer Fragestellung* das Format durchlaufen.

4. Jetzt nehmen Sie bewusst die Frage gedanklich wahr und stellen sich auf den Bodenanker der „Alternative 1" (hier im Beispiel Life-Coaching). Spüren Sie für ca. fünf Sekunden, wie stabil Sie stehen und welche Gedanken Ihnen gegebenenfalls durch den Kopf gehen.

5. Nun gehen Sie mit derselben Frage auf den Bodenanker der Alternative 2 (hier im Beispiel: CEO-Coach). Wie fühlt es sich hier an? Welche Gedanken gehen Ihnen durch den Kopf? Stehen Sie hier stabiler als bei Alternative 1?

6. Wechseln Sie mehrmals zwischen den Alternativen 1 und 2, so oft, bis sich am Ergebnis nichts mehr verändert.

7. Stellen Sie sich dann mit der gleichen Frage auf den Bodenanker „Beides". Wie fühlt es sich hier an? Besser als bei Alternative 1 oder 2? Oder wanken Sie hin und her, wie eine Birke im Wind?

8. Nun stellen Sie sich mit der gedachten Frage auf „Keines von beiden". Wie ist es hier? Besser als bei „Beides"? Oder schlechter?

9. Wechseln Sie nun mehrfach zwischen „Beides" und „Keines von beiden", so oft wie Sie wollen. Wo war es am besten?

10. Jetzt können Sie noch eine letzte Runde machen: Bei welchen der vier Optionen fühlen Sie sich am besten? Stellen Sie sich auf den für Sie angenehmsten Bodenanker und verweilen Sie dort so lange, bis Sie das Format beenden wollen.

4.1.2 Was mache ich jetzt mit den Ergebnissen der Aufstellung?

Fall 1: Eine der beiden Alternativen fühlt sich am besten an. Wunderbar: Dann könnten Sie ja jetzt loslegen … Falls Sie doch noch etwas abhält, lesen Sie bitte die nächsten Seiten ☺.

Fall 2: Die Option „Keines von beiden" fühlt sich am besten an. Dieses Ergebnis könnte im ersten Moment eine echte Enttäuschung sein – auch wenn diese Aufstellung Sie vielleicht vor viel schlimmeren Enttäuschungen bewahrt. Stellen Sie sich vor, Sie wählen eine Positionierung, die Ihnen in Bezug auf Ihre gerade gestellte Frage keine guten Ergebnisse bringen würde! Sie investieren viel Geld in Ihr Marketing und schreiben auch nach zwei Jahren voller Akquise keine schwarzen Zahlen?

Hier haben Sie jetzt zwei Möglichkeiten. Sie sagen sich: „Welch ein Schmarrn!" und positionieren sich trotzdem so. Oder Sie überlegen noch mal in Ruhe, ob da nicht vielleicht etwas dran sein könnte. Vielleicht brauchen Sie noch Zeit, um in diese Positionierung zu einem späteren Zeitpunkt reinzuwachsen? Oder es braucht einen Blick von außen? Wir stehen als Telefon- oder Skype-Joker gerne zur Verfügung ☺. Einfacher haben es da die Kollegen mit dem nächsten Ergebnis.

Fall 3: Ihr Wohlfühlgefühl liegt bei „Beides"? Das ist ein interessantes Ergebnis, das Sie geschickt umsetzen können, wenn Sie wissen wie! Es gibt kluge Möglichkeiten, sich mit beiden Standbeinen glaubwürdig für Ihre Kunden zu positionieren. Dann lohnt es sich für Sie jetzt ganz besonders, Kapitel 5 über die verschiedensten Positionierungsarten zu lesen.

4.2 Coaching-unterstützte Umsetzung der Positionierung

TANJA: Ich gehe jetzt mal davon aus, dass die Positionierung auch „gefühlt" passt. Und trotzdem kann es sein, dass Sie nicht zu Potte kommen. Vielleicht geht es Ihnen wie Ihren Klienten und es gibt noch zwei Hinderungsgründe, die Sie von der direkten Umsetzung abhalten: Ihre linke und Ihre rechte Amygdala! Als Coach wissen Sie bestimmt, dass dieser Teil im Gehirn – auch Mandelkern genannt – wesentlich an der Entstehung von Angst beteiligt ist.

Der Mandelkern spielt eine wichtige Rolle bei der emotionalen Bewertung und beim Wiedererkennen von Situationen sowie bei der Analyse möglicher Gefahren. Dieser Teil in unserem Reptiliengehirn will uns vor Ungemach schützen. Es kann sein, dass Sie eine ähnliche Situation schon einmal erlebt haben – und damals gab es kein glückliches Ende. Vielleicht waren Sie schon einmal mit einem anderen Thema selbstständig und sind „gefühlt" gescheitert? Dann will uns „netterweise" unser Unbewusstes vor dem erneuten Schicksalsschlag bewahren und hindert uns an der Umsetzung der nächsten Schritte. Nie wieder sollen Sie in eine Situation gebracht werden, in der Sie sich ähnlich schlecht fühlen könnten. Und da sagt dann die „Eidechse"[5] in uns: „Dann mache ich lieber gar nichts, als dass mir so etwas noch mal passiert. Nie wieder will ich mich vor anderen Leuten schämen müssen, wenn es erneut schiefgeht; nie wieder Angst haben, wenn ich auf meine Kontoauszüge sehe oder mich schuldig fühle, weil ich etwas falsch gemacht habe …"

Wer das wunderbare Buch „Die Glückformel" von Stefan Klein[6] schon gelesen hat, weiß, dass die Evolution es so eingerichtet hat, dass wir unterbewusst eher den angstmachenden Gedanken Vorrang geben. Und dann suchen wir gute Erklärungen aus unserem Bewusstsein, weshalb wir „noch nicht" die Website mit der neuen Positionierung online gestellt haben oder noch keinen Vortrag zu diesem Thema konzipiert haben. Und wir finden immer neue Gründe, wie zum Beispiel fehlende Bilder oder die PowerPoint, die noch mal überarbeitet werden muss … Wenn dann vier Monate später immer noch nichts Greifbares in Bewegung gekommen ist, verzweifelt so mancher Coach an sich selbst.

Dabei ist dies eine Standardsituation, die Sie in Ihrer Arbeit als Coach vielleicht schon mehrfach bei Kunden erfolgreich bearbeiten konnten. Es gibt gute Coachingverfahren, die unbewusste Ängste bewusst machen und sie auflösen können. Bei einigen Themen kann ich mir als Coach selbst helfen. Bei unbewussten Glaubenssätzen wie: „Ich bin nicht gut genug" oder: „Es ist gefährlich, sich zu zeigen" gelingt

---

5   Ich nenne das limbische System gerne so, weil es auch der Teil unseres Gehirns ist, den jede Eidechse auch hat – und zwar ausschließlich diesen Teil.

6   Nicht mit Tanja verwandt. ☺

dies jedoch den wenigsten. Zu tief sitzt der Schmerz und zu blind ist man, wenn es um die eigenen Themen geht. Als ich vor bald zehn Jahren mit dem Coaching anfing, musste ich selbst drei Coachingsitzungen bezahlen, um endlich den gerechten Preis für meine Arbeit verlangen zu können.

RUTH: Eine Investition, die sich ziemlich schnell amortisiert hat ☺. Ich kann hier nur jedem empfehlen, sich für diese wichtigen Themen der Selbstständigkeit den besten Coach zu suchen – und nicht unbedingt den Kollegen aus der Coachingausbildung, der gerne auf der Basis von Gegenseitigkeit hilft.

TANJA: Es sei denn, dieser Kollege ist wirklich gut. Denn mit der entsprechenden Begabung *und* einer guten Coachingausbildung sind Sie nach einem Jahr auch ein guter Coach! Natürlich fehlt es Ihnen dann noch an Coachingerfahrung. Aber wer seine Methoden beherrscht und ein gutes Einfühlungsvermögen hat, kann von Anfang an gut sein. Lassen Sie sich deshalb nicht von einem Gedanken ausbremsen, der sehr weitverbreitet ist: „Am Anfang meiner Selbstständigkeit darf ich noch nicht so viel Geld verlangen. So gut bin ich ja noch nicht!". Auch wenn dieser Gedanke meist ein bewusster ist, heißt es noch lange nicht, dass er auch stimmt. Aber Sie können selbst schnell neue Gedanken finden, die Ihrer Selbstständigkeit dienlicher sind. Schwieriger ist das bei den manchmal eher unbewussten Sätzen …

ÜBUNG 13 · „Glaubenssatz-Klassiker" entdecken

TANJA: Es gibt viele unbewusste Gedanken, die Sie von der Umsetzung Ihrer Positionierung abhalten können. Wir haben Ihnen an dieser Stelle einige immer wiederkehrende Sätze dieser Art aufgelistet. Spüren Sie einfach, welcher Satz vielleicht auch auf Sie noch zutreffen könnte. Und: Wenn Sie mit Kinesiologie vertraut sind, testen Sie die Sätze vielleicht noch. Ich persönlich nutze dafür am liebsten den Myostatiktest von Dr. Omura.

Wie fühlen Sie sich bei folgenden Sätzen bzw. wie reagiert Ihr Körper darauf?

Zutreffende Sätze kreuzen Sie bitte an:

- ❐ Ich bin nicht gut genug.
- ❐ Ich kann keinen Erfolg haben.
- ❐ Ich bin dumm.
- ❐ Ich kann nicht bekommen, was ich will.
- ❐ Ich bin ein Versager.
- ❐ Ich muss perfekt sein.
- ❐ Geld verdirbt den Charakter.
- ❐ Was so viel Spaß macht, darf kein Geld bringen.
- ❐ Von Coaching kann ich nicht leben.
- ❐ Ich muss als Coach auch kostenlos arbeiten / helfen.
- ❐ Ich muss mich schämen, für Coaching Geld zu nehmen.
- ❐ Ich bin ein schlechter Coach.
- ❐ Coaching belastet mich körperlich (zu) sehr.
- ❐ Coaching belastet mich seelisch (zu) sehr.
- ❐ Ich muss meine Klienten / Kunden retten.
- ❐ Unter meiner Selbstständigkeit leiden die Kinder / Familie.
- ❐ _____

Natürlich können Sie die Sätze jeweils für Ihre Situation anpassen. Wenn Training Ihr Ziel ist, dann passt natürlich besser ein Satz wie: „Ich bin ein schlechter Trainer."

RUTH: In Johann Wolfgang von Goethes Roman „Wilhelm Meisters Wanderjahre" heißt es so treffend: „Es ist nicht genug, zu wissen, man muss auch anwenden; es ist nicht genug, zu wollen, man muss auch tun." Machen Sie einen Termin mit einem Coach oder (falls möglich) arbeiten Sie selbst daran. Vorher macht es einfach unnötige Mühe, die gefundene Positionierung auch wirklich umzusetzen.

TANJA: Weil der Verlag uns eine festen Abgabetermin für das Manuskript vorgegeben hat, können wir leider mit dem nächsten Kapitel nicht warten, bis Sie alle sabotierenden Glaubenssätze aufgelöst haben. Deshalb machen wir direkt weiter und tun schon mal so, als ob auch mental der Weg frei wäre für die Umsetzung Ihrer Positionierung! Wir zeigen Ihnen auf den folgenden Seiten, wie vielfältig das Thema Positionierung in der Praxis aussehen kann.

5. | Welche Möglichkeiten der Positionierung gibt es?

TANJA: Sehr viele Selbstständige haben ein großes Problem mit dem Thema Positionierung. In erster Linie denken sie nämlich an die ganz spitze Spezialisierung, in der man diese EINE (und KLEINE) Nische findet, die sonst kaum jemand besetzt. Wir verstehen das Thema anders.

RUTH: Trotzdem haben wir Sie durch den Prozess des Kapitels 3 gescheucht und Sie dabei „gezwungen", sich sehr stark zu fokussieren. Dass wir Sie nicht darauf aufmerksam gemacht haben, dass es Alternativen zu „spitz as spitz can" gibt, war Absicht. Sie werden noch sehen, dass diese Art der Positionierung die meisten Vorteile bringt und den Expertenstatus am schnellsten wachsen und gedeihen lässt. Es kann aber sein, dass Sie trotzdem mehr als zwei Themen oder Zielgruppen in Ihrem Coach Positioning Circle stehen haben. In diesem Kapitel erfahren Sie, wie Sie damit umgehen können.

TANJA: Für uns gibt es mindestens vier verschiedene Möglichkeiten der Positionierung. Jede hat ihre Vor- und Nachteile und bringt andere To-dos mit sich. Wir stellen Ihnen zunächst jede dieser Arten kurz vor und zeigen Ihnen anschließend diese Positionierungsformen im Detail und mit ausführlichen Beispielen.

Die vier Wege, sich authentisch zu positionieren:

1. **Stecknadel-Positionierung:** Die klassische Positionierung – ganz spitz. Schön gelöst durch Coaches wie Eva Bettina Trittmann. Gleich der erste Satz auf ihrer Homepage lautet: „Systemisches Coaching für juristische Führungskräfte".

2. **Stricknadel-Positionierung:** Im Vergleich mit einer Stecknadel ist eine Stricknadel weniger spitz – eher abgerundet. Und es kommen mindestens zwei Nadeln zum Einsatz. Frank Meinhard (Motorsport-Coach und Kommunikationstrainer) oder Margarete Stöcker (Inhaberin von Fortbildungvorort – Bildungsinstitut für Gesundheitsberufe und Mimikresonanz von Menschen mit Demenz und deren Angehörige) sind zwei Beispiele dafür.

3. **Roter-Faden-Positionierung:** Hier zieht sich ein roter Faden durch die Tätigkeiten und Themen. Tanja Peters arbeitet als Mutberaterin, Trainerin, Coach, Beraterin, Speakerin und Moderatorin. Der rote Faden ihres Lebens und ihrer Positionierung ist: „Mut tut gut."

4. Patchworkdecken-Positionierung: Dieser Positionierungs-Flickenteppich ist für die meisten Menschen nicht auf den ersten Blick als Positionierung zu erkennen. Und sicherlich werden manche Menschen zu Recht behaupten: „Das ist auch keine."

Hier werden mehrere, zum Teil extrem unterschiedliche Tätigkeiten ausgeübt, die auch ganz verschiedene Zielgruppen adressieren. Und dies für den Kunden ganz ohne erkennbaren roten Faden. Erst wenn man die gesamte Decke sieht, erkennt man das Muster und den Rahmen, der dieses Gesamtkunstwerk vereint: die

Persönlichkeit des Menschen. Ina Rudolph werden wir Ihnen später im Detail vorstellen. Sie schauspielert, coacht, modelt, liest, schreibt – und malt wunderschön.

RUTH: Sicherlich werden Sie unsere Einteilung gut nachvollziehen können, selbst wenn Sie – wie wir übrigens auch – gleich zwei linke Hände für Handarbeiten haben ☺. Die Kategorien stellen ein gutes Hilfsmittel dar. Sie sind rein subjektiv und die Übergänge oft fließend.

TANJA: Sicherlich haben Sie an dieser Stelle des Buches schon festgestellt, wo Sie jetzt stehen und wo Sie zukünftig hinwollen.

RUTH: Starten wir erst mal mit meinem „Liebling", der Stecknadel-Positionierung.

5.1 Die Stecknadel-Positionierung

TANJA: Ruth versucht, diese Art der Positionierung für jeden Klienten zu finden. Es kann ihr kaum spitz genug sein – und das hat gute Gründe:

Vorteile:

- Hier sind Sie einzigartig (sowieso!) mit Ihrem Angebot oder haben nur wenige Mitbewerber. Das heißt: Ihre Zielgruppe kommt schwer an Ihnen vorbei.
- Ihnen fällt der Erwerb eines Expertenstatus relativ leicht, weil Sie sich durch die spitze Positionierung extrem fokussieren können.
- Zudem sprechen Sie die Sprache Ihrer Zielgruppe und müssen dafür nicht multilingual sein.
- Sie müssen Ihre Persönlichkeit nicht so deutlich zeigen, falls Sie das nicht wollen. Die Glaubwürdigkeit eines Experten ist offensichtlicher als die von vielen „Multitalenten".
- Sie sparen Geld im Marketing, da Sie sich mit Ihren Werbemitteln perfekt auf diese eine Positionierung ausrichten können.
- Experte schlägt Generalist – erst recht beim Honorar. Je spitzer Sie sich aufstellen, desto mehr Geld können Sie verdienen.

RUTH: Kommen wir von der Theorie in die Praxis: Wir stellen Ihnen für jede Positionierungsart passende Coach-Kolleginnen und -Kollegen vor, die entweder selbst sehr gut positioniert sind oder auf ihrem Weg dazu spannende Erkenntnisse an Sie weitergeben können. Alle Beispiele sind real und auf dem Stand unserer „Buchschreibtage" (Juni bis Oktober 2015). Positionierung ist ein ständiger Prozess, so mag die eine oder andere Website heute schon wieder anders aussehen.

TANJA: Mehr zum Thema „Positionierung im Wandel" finden Sie auch im Kapitel 6. Und ganz nebenbei: Auch Ruths Positionierung hat sich durch unsere Begegnung stark verändert.

5.1.1 Praxisbeispiele

TANJA: Ehrlich gesagt, war es hier gar nicht so leicht, passende Beispiele zu finden. Es gibt sehr wenige Coachs oder Trainer, die sich eine ganz spitze Positionierung zutrauen bzw. zumuten … Aber wie heißt es so schön: „Walk the talk." Es wäre nicht authentisch, wenn Ruth jedem die Stecknadel empfiehlt und selbst ein „Patchwork-Dasein" fristet ☺.

5.1.1.1 Ruth Urban

	Ruth Urban (Dormagen-Gohr)
Stecknadel-Positionierung:	Positionierungs-Coaching
„Schaufenster-Zielgruppe":	Coachs
Weitere Kunden:	Alle möglichen Selbstständigen, die eine Unterstützung bei der Positionierung, für ihr Marketing allgemein oder Texte suchen
Website:	↗ http://coachyourmarketing.com

TANJA: Über Ruth brauche ich Ihnen wahrscheinlich nicht mehr allzu viel erzählen. Sie hat laut ihrem Vater „Taxifahren" studiert (Germanistik) und viele Jahre erfolgreich als Texterin gearbeitet. Bevor wir uns kennenlernten, waren Handwerker ihre Zielgruppe. Nach Beginn der Zusammenarbeit mit mir hat sich das aber plötzlich (und ganz freiwillig) geändert. Ruth ist für mich eines der besten Beispiele dafür, wie saubere Positionierung Erfolg bringt …

RUTH: … und Spaß macht! Ich arbeite genau so, wie es mir (und meinen Kunden!) entgegenkommt. Ich liebe die 1:1-Arbeit und das lange „Begleiten" eines Kunden. Das muss man wollen – und ich finde es wunderbar. Und Kunden, die nur den Profi in mir sehen und nicht den Menschen, die sind bei mir eh nicht gut aufgehoben. Ich mag diese intensiven Phasen und das Durchschreiten von Tälern sowie das Feiern auf den Bergen. Mit den allermeisten Kunden entwickelt sich ein sehr freundschaftliches Verhältnis. Das hat natürlich nichts damit zu tun, dass ich nicht auch sehr bestimmt und „terrierhaft" sein kann, wenn wir arbeiten.

TANJA: Ihr momentaner „Hauptjob" besteht darin, für Coachs und Trainer die ideale Positionierung zu finden und die Kunden so lange dabei zu begleiten, bis alles auch im Außen wirklich umgesetzt ist.

RUTH: Erfahrungsgemäß dauert dies mindestens sechs Monate. Bis zur laufenden Praxis können dann auch einmal Jahre vergehen. Mehr als zehn Kunden im Jahr kann ich gar nicht zufriedenstellen. Deshalb kann ich auf die Sorge: „Gibt es genügend Klienten für diese Positionierung?" eindeutig mit „Ja" antworten.

TANJA: Was können wir von Ruths Marketing lernen? Es zahlt sich aus, mutig zu sein und sich spitz aufzustellen. Wichtig dabei ist, dies auch eindeutig in den Werbemitteln zu kommunizieren. Ruth spricht auf unserer Website ausschließlich die Zielgruppe der Coachs an – wohl wissend, dass sich andere Selbstständige, die ihre Lebenswelt wiedererkennen (beispielsweise Berater und Dozenten) nicht abhalten lassen werden, sich bei ihr zu melden.

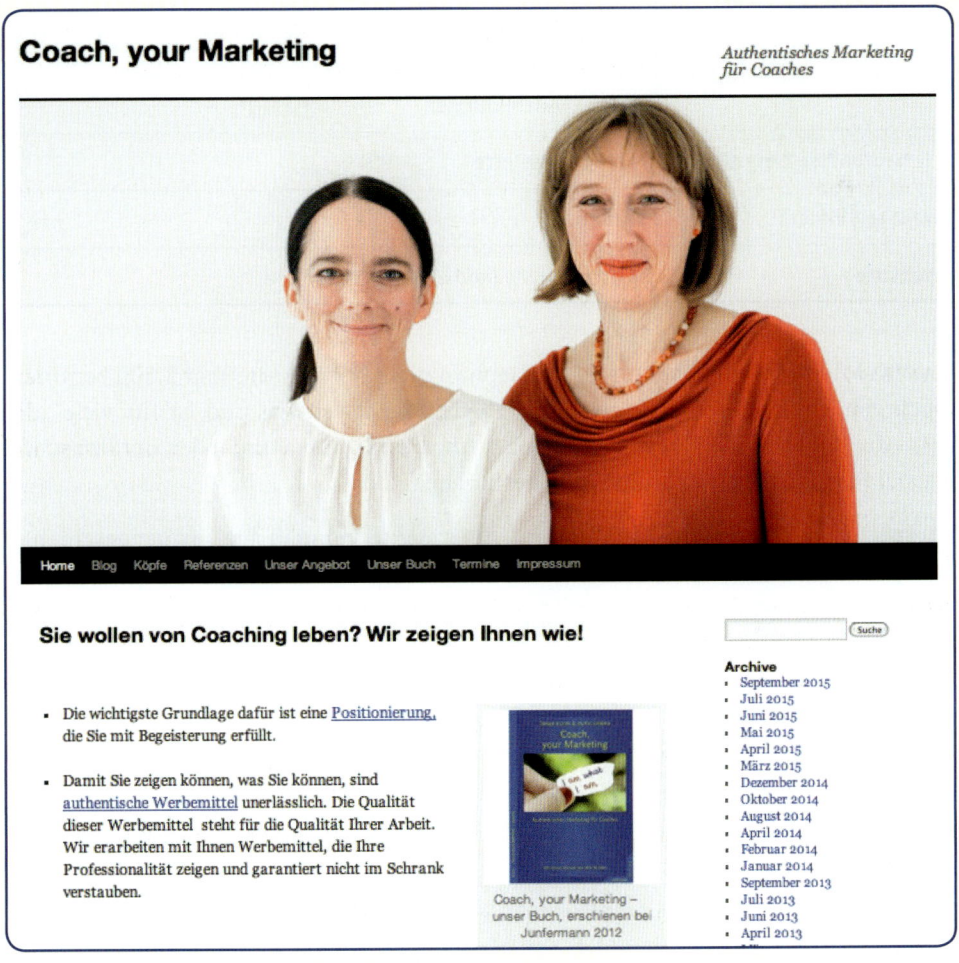

RUTH: Aber genug von mir, Tanja, lass uns lieber zu einem richtigen Coach gehen. Ich arbeite ja nur im Bereich Marketing als Coach ☺.

5.1.1.2 Stephan Landsiedel

	**Stephan Landsiedel** (Kitzingen)
Stecknadel-Positionierung:	Die weltweite Vermarktung und Durchführung von qualifizier- ten NLP-Ausbildungen
„Schaufenster-Zielgruppe":	NLP-Interessierte
Weitere Kunden:	Firmen
Website:	↗ http://www.landsiedel-seminare.de

TANJA: Wer NLP googelt, kommt an Stephan nicht vorbei! Mit über 2.500 Seminar-tagen gehört er zu den erfahrensten NLP-Trainern weltweit und ist für viele „der deutsche Robert Dilts[7]". Sein Herz schlägt für dieses Thema und jeder, der ihn schon einmal live erlebt hat, kann dies nur bestätigen.

RUTH: Ich habe mit großem Interesse über seine zehnjährige Firmengeschichte[8] auf seiner Website gelesen und so erfahren, dass eine der Erfolgsstrategien die Fo-kussierung auf sein Herzensthema war. Anfänglich gehörten zu seinem Portfolio Assessment-Center, Diagnostik und Evaluation, Coaching, Training sowie weitere Personaldienstleistungen. Im Laufe der folgenden Jahre stellte sich jedoch heraus, dass NLP-Ausbildungen für ihn zum Hauptthema wurden. Dies machte ihm nicht nur am meisten Spaß, er konnte damit auch die schnellsten und nachhaltigsten Er-folge erzielen.

TANJA: Was können wir neben der 1-A-Positionierung auf ein Thema noch aus Ste-phans Geschichte lernen? Er berichtet auf seiner Website sehr ehrlich von seinen zum Teil nicht hilfreichen Marketingideen. So machte er die Erfahrung, dass Pla-katwerbung kein dienliches Marketinginstrument für die Akquirierung von Semi-

---

7   Robert Dilts gehörte zu der Arbeitsgruppe um John Grinder und Richard Bandler und war maßgeb-lich an der Weiterentwicklung des NLP beteiligt.

8   ↗ http://www.landsiedel-seminare.de/nlp/wir-ueber-uns/firmengeschichte.html

narteilnehmern ist. Besonders beeindruckend finde ich sein Durchhaltevermögen! Er hat sich auch von schlimmsten Schicksalsschlägen nicht von seinem Ziel abhalten lassen. Wahrscheinlich hätte er Stoff für eine ganze Buchreihe zum Thema Resilienz.

RUTH: Es ist also nicht immer nur mit der richtigen Positionierung getan, man braucht auch Disziplin und ein Quäntchen Glück, um damit so erfolgreich zu sein wie Stephan Landsiedel. Ich denke, was seinen Erfolg sehr stark vorangetrieben hat, war die Fähigkeit, mutig Kooperationen mit anderen Trainern einzugehen.

5.1.1.3 Eva Bettina Trittmann

	Eva Bettina Trittmann (Frankfurt))
Stecknadel-Positionierung:	Systemisches Coaching für juristische Führungskräfte
„Schaufenster-Zielgruppe":	Juristische Führungskräfte
Weitere Kunden:	Führungskräfte, die sich den Juristen verwandt fühlen und die „gleiche Sprache sprechen"
Website:	↗ http://www.trittmann.com

Ruth: Von Eva Bettina Trittmann habe ich Tanja schon erzählt, bevor dieses Buch ernsthaft in Planung war. Aber als die F.A.Z. im Dezember 2014 über sie berichtete, war für mich klar: Mir ihr muss ich für das Buch ein Interview führen.

Tanja: Wow, die F.A.Z. – ich glaube, das ist für viele Coachs ein Ziel. Dort einmal positiv erwähnt zu werden ist ein Ritterschlag. Wie hat sie das denn hinbekommen?

Ruth: Das wollte ich auch wissen und vor allem: Wie ist sie zu ihrer Positionierung gelangt? In unserem Interview hat sie es verraten.

Eva Bettina Trittmann: Ich habe mit dem Coaching nebenberuflich begonnen, noch während der Ausbildung zum Coach. Zu dem Zeitpunkt war ich ja schon Juristin, wenn auch nicht als Juristin tätig, sondern im Justizministerium verantwortlich für Personalentwicklung. Deswegen bin ich als Coach erst einmal aus dem Kollegenkreis angesprochen worden. Auch von Angestellten aus dem Ministerium oder Juristen aus der alten Kanzlei – sodass das erst einmal auf Juristen zugelaufen ist. Es hat sich also von alleine entwickelt.

Als ich mehr Kundschaft haben und mehr nach außen treten wollte, wandte ich mich erstmals an eine Agentur und die haben mich auch gefragt: „Wer ist Ihre Zielgruppe? Usw." Und da habe ich noch gesagt: „Nee, das soll ja für alle passen!" Da habe ich sogar auf den zaghaften Versuch der Agentur, so etwas wie Paragraphenzeichen zu benutzen, mit: „Nein, raus damit" reagiert. Und so war das dann auch erst einmal.

In dem Jahr, als ich mich entschieden hatte, die Justiztätigkeit sein zu lassen und nur noch selbstständig tätig zu sein, da dachte ich: „Das muss jetzt aber mal professioneller werden. Alles neuer, schöner, anders und mit neuem Webdesigner." Der hat mich dann in die Mangel genommen: „Hör mal, das, was du da mitbringst und verkaufen kannst, das musst du auch nach außen zeigen. Wenn du sagst, du bist jemand für alle, dann hast du keine Expertise. Die Leute musst du gezielt ansprechen, für die muss das passen." Sein Rat ergänzte sich durch meine Erfahrung, dass dieses Beliebige keine Wirkung zeigte.

RUTH: Was für ein toller Webdesigner, ich wünschte, davon gäbe es mehr! Und haben Sie sich diesmal sofort umstimmen lassen?

EVA BETTINA TRITTMANN: Mich hat das Mut gekostet, ich dachte, ich enge mich dann ein. Aber er hat mir gut zugeredet und mir auch klargemacht: „Wenn du weiter mit mir arbeiten willst, dann entscheide dich, spitz zu werden, sonst übernehme ich den Auftrag nicht. Das Allround-Angebot ist völlig beliebig …"

Ich fand es schwierig. Denn am Anfang hat man keine oder nur wenig Kundschaft und man fragt sich, wo die herkommen könnte. Und ja, der Mut, den es braucht, ist der Mut, ganze Kreise durch die Art der Ansprache auszuschließen.

RUTH: Aber man schadet sich auch nicht! Noch kein Kundenstamm, keinen Ruf, den man wegen einer neuen Zielgruppe im schlimmsten Fall „gegen die Wand fährt".

Mich würde noch interessieren, Sie sind ja in der Laufbahn an sich sehr stringent gewesen und arbeiten immer noch in diesem Umfeld. Aber ist dem wirklich so?

EVA BETTINA TRITTMANN: Ich habe mit den Themen, die ich mal gelernt habe, überhaupt nichts mehr zu tun. Ich mache nichts Rechtliches mehr, überhaupt nichts. Auch das, was meine Klienten juristisch arbeiten, das ist mir, ehrlich gesagt, vollkommen schnuppe, darüber reden wir gar nicht.

RUTH: Aber trotzdem ist die Verbindung zur Juristerei ja da. Ich denke, Sie sprechen die gleiche Sprache – aber als Coach sprechen Sie über ganz anderes.

EVA BETTINA TRITTMANN: Coachs gibt und gab es auch damals schon wie Sand am Meer. Was habe ich denn, was viele andere nicht haben? Das war für mich zweierlei. Da war mein Ausbildungshintergrund und die Art zu denken, wie Juristen denken. Denken und argumentieren zu müssen / dürfen / sollen fällt mir leicht. Mir fällt es leicht zu strukturieren, zu ordnen, Dinge abzuwägen und so etwas. Macht mir aber gar nicht so große Freude, ehrlich gesagt.

Ich kenne eine ganze Menge juristischer Berufe. Ich war Anwältin, auch in der Großkanzlei, kenne von meinen Eltern über 25 Jahre eine Kleinkanzlei. Ich war Richterin, ebenfalls in kleinen und großen Gerichten. Ich war in der Verwaltung, ich war an der Uni – also ich habe unterschiedlichste Betätigungsfelder für Juristen kennengelernt.

Und ich kenne in der Tat die Gehirnwäsche, die wir alle im Jurastudium durchgemacht haben. Ich weiß, was Juristen können, ich weiß aber auch, was fehlt. Das war einer der Hauptgründe, Juristen anzusprechen. Und im Internet beschreibe ich es in etwa so: Für Artverwandte, für Leute, denen es leichtfällt, zu strukturieren, Für und Wider abzuwägen, die aber vielleicht niemanden wollen, der darauf guckt und sagt, „Boah, das hast du jetzt aber super geordnet.“ – Na klar, ordnen können die alle. Jetzt machen wir mal Unordnung!

Ruth: Und wie ist es dann angelaufen? Hat sich Ihr Mut gelohnt?

Eva Bettina Trittmann: Was wichtig ist, ich habe ziemlich schnell eine Wirkung bemerkt. Es sind auf Anhieb ca. 50 % mehr Kunden geworden, ausgehend von einem niedrigen Niveau. Es kamen direkt Aufträge, es kamen auch Aufträge, die ich vorher nicht bekommen hätte. Da kam eine Kanzlei mit sieben Standorten und 40 Anwälten. Da kamen Aufträge, die inhaltlich passend waren und die vorher so nicht da waren. Und das alles, weil ich eine Website hatte, mit meinem Angebot explizit „für Juristen“. Das wurde mir auch zurückgemeldet, dass es schwer ist, jemanden zu finden, der sich darauf spezialisiert hat. Und ich habe auch gesehen, dass über die Suchmaschine wirklich nach „Coach, Juristen“ gesucht worden ist und dass ich so gefunden wurde.

Ruth: Wissen Sie, wie Sie in den F.A.Z.-Artikel gekommen sind?

Eva Bettina Trittmann: Das hat auch mit meinem Expertenstatus zu tun und war insgesamt eine ganz lustige Geschichte. Um es kurz zu machen: Der Dreh- und Angelpunkt war ein Coaching, das ich abgelehnt habe! In dem Moment, wo die Anfrage kam, war ich auf Weltreise und mir war klar, dass ich nicht zu 100 % die Richtige für den Auftrag war. Diese Kombination, nicht perfekt passend und zeitlich dringend, ließ mich eine Kollegin empfehlen. Und fast zwei Jahre später war schließlich der F.A.Z.-Artikel das Ergebnis.

Ruth: Ach, das ist ja eine tolle Geschichte! Und ein schöner Gewinn aus einem vermeintlichen „Verlust“. Gab es denn Reaktionen auf den F.A.Z.-Artikel für Sie?

Eva Bettina Trittmann: Wegen der bekannten Ausrichtung auf Juristen werde ich immer wieder mal eingeladen. Das sind dann weniger Presseanfragen, sondern eher Vorträge, Einladungen zu Veranstaltungen, Anrufe von Organisationen. Und in direkter Folge habe ich Coachingaufträge darüber gewonnen.

Tanja: Kann ich mir vorstellen. Gerade für die Zielgruppe Juristen ist die F.A.Z. doch der „TÜV-Stempel“! Das passt ja wirklich hervorragend. Da bekommt man ja fast Lust, unpassende Kunden abzulehnen. ☺ Den meisten Coachs – und dazu gehöre auch ich – fällt das aber gar nicht so leicht. Es ist aber sehr wichtig!

5.1.1.4 Luzia Hofmann – und Tanjas ganz persönliche Geschichte zu dieser Positionierung

	Luzia Hofmann (Bornheim bei Bonn)
Stecknadel-Positionierung:	Mit Methoden der Energiearbeit unterstützt sie ihre Klienten bei der Aktivierung von Selbstheilungskräften. Dafür hat sie den Namen „Hexeratung" gefunden, ein Kunstwort, das für eine Mischung aus „Hexe" und „Beraterin" steht.
„Schaufenster-Zielgruppe":	Gesundheitlich angeschlagene Menschen, die wieder in ihre Kraft kommen wollen
Weitere Kunden:	Gesunde Menschen, die ihren Lebensweg suchen oder vor großen Entscheidungen oder Veränderungen stehen
Website:	↗ http://hexeratung.de

TANJA: Über Luzia haben Sie ja bereits weiter vorn etwas lesen können. Bevor ich sie persönlich als Marketingkundin kennenlernte, sagte Ruth zu mir: „Das wird total interessant, ich bin gespannt, was du dazu sagst!"

Jeder Kunde, der den Positionierungsprozess durchläuft, kann anschließend mein Feedback und weitere Ideen zur Positionierung einholen. Dazu gehört, dass ich vorher absolut nichts von dem Workshop, dem Kunden und geschweige denn von dem Ergebnis erfahre. So lässt sich sicherstellen, dass ich völlig unvoreingenommen bin und man so live testen kann, wie andere Menschen auf die neue Positionierung reagieren. In diesem Rahmen lernte ich Luzia kennen. Eine Begegnung, die maßgeblich auch mein Leben stark beeinflussen sollte – nur dass ich das damals noch nicht wusste.

Luzia ist Dipl.-Ing. der Lebensmitteltechnologie und machte auf mich von Anfang an einen seriösen Eindruck. Umso überraschter war ich dann, als sie mir erklärte, dass sie mit uraltem Heilwissen und dem aktuellen Wissen der Quantenphysik Menschen in ihrer Entwicklung unterstützen wollte. Nur mit Mühe hatte ich meine

Gesichtsmuskeln im Griff. Wer mich kennt, der weiß, dass ich sehr offen für alle möglichen oder auch unmöglichen Dinge des Lebens bin. Ich habe auch immer mal wieder energetische Verfahren getestet, weil ich permanent auf der Suche nach den effizientesten Coaching-Methoden für mich und meine Kunden bin. Allerdings muss ich ganz ehrlich sagen, dass ich keine nachhaltigen Veränderungen bemerkt hatte und deshalb diesen Methoden sehr skeptisch gegenüber stand. Das war allerdings vor der Arbeit mit Luzia.

Und nun saß mir diese extrem sympathische, gut gelaunte und absolut nicht esoterisch wirkende Frau gegenüber und erzählte mir, dass sie mit diesem Wissen Klienten bei der Befreiung von belastenden Emotionen und Ängsten helfen wolle. „Okay", dachte ich etwas zweifelnd, „der Wurm muss dem Fisch schmecken und nicht dem Angler". Schließlich gibt es dafür einen Markt und die Zielgruppe ist groß genug, um mit diesem Schwerpunkt zu arbeiten.

Luzia fühlte sich nicht wie ein klassischer Coach und ich ermutigte sie, tatsächlich den neuen Begriff „Hexeratung" für ihre Website und ihre Arbeit zu verwenden. Schließlich sagen ihr alle Kunden, dass sie mit ihrer Arbeit negative Gefühle geradezu „weghexen" könne. Darüber hinaus gibt es auch einen Beratungsanteil in ihrer Arbeit, und so kam es, dass sie mutig ihre Werbemittel ganz stringent danach ausrichtete.

Dann wurde in meiner Nase ein bösartiger Tumor gefunden und es war klar, dass ich in wenigen Tagen operiert werden musste. Die Prognose war bei dem seltenen Tumor eher schlecht und die Ärztin machte mir klar, dass man wahrscheinlich auch am Gehirn operieren müsste. Nach dem Gespräch hatte ich Angst um mein Leben. Um meine zwei Kinder, die ich nicht ohne Mutter aufwachsen lassen wollte. Und ich hatte auch finanzielle Ängste, wie es werden sollte, wenn ich danach nicht mehr arbeitsfähig wäre … In dieser lebensbedrohlichen Situation probierte ich einfach alles aus, was Erleichterung versprach. Der „Zufall" wollte es, dass Luzia in der Woche nach der Diagnose einen Termin bei mir hatte und ich sagte ihr, dass ich im Moment mental nicht in der Lage sei, mit ihr zu arbeiten. Aber ich bat sie, trotzdem den Termin beizubehalten, damit sie *mit mir* arbeiten konnte.

Nach einer Sitzung hatte sie es geschafft, dass meine Angst vor der Operation völlig weg war. Ich ging sogar mit etwas Freude ins Krankenhaus, weil ich wusste, dass nach der OP die Chancen für meine Heilung höher sein würden. Eine unfassbare Erfahrung für mich! Luzia machte mit ihren Methoden viele Dinge, von denen ich nicht viel verstehe. Aber es hat funktioniert: Ich habe mich trotz dieser schweren Zeit gut gefühlt – und bin bis heute dank der lebensrettenden OP und ihrer Unterstützung, wieder zu 100 % gesund!

Aus diesem Grund bin ich von ihrer Arbeit überzeugt und ein paar Wochen nach meiner Genesung empfahl ich ihr, ihre Positionierung noch spitzer für das Thema „Unterstützung in Krankheit" zu machen. Mit dieser Idee rannte ich offene Türen bei ihr ein und sie hat dies auch sofort textlich auf ihrer Website umgesetzt:

TANJA: Was können wir von Luzia lernen? Ihr Beispiel zeigt für mich besonders deutlich, wie es ist, sein Herzensthema mutig zu zeigen – egal was andere Menschen dazu sagen. Und dass es sich auch für die Zielgruppe lohnt, sich spitz aufzustellen!

5.1.2 Watch-List für Stecknadeln: Worauf müssen Sie ein Auge haben?

TANJA: Wenn Sie mutig diese Art der Positionierung für sich gewählt haben, ist es wichtig, dass Sie ein Auge auf den Markt haben. Wie viele weitere Coachs oder Trainer gibt es, die sich so am Markt positionieren? Wie grenzen Sie sich von ihnen ab? Müssen Sie gegebenenfalls Ihre Positionierung noch nachschärfen, sie ändern oder einfach anderes Marketing machen, damit Sie besser gefunden werden als der Wettbewerber?

RUTH: Wenn ein Kunde entdeckt, dass er mit seiner Positionierung nicht alleine ist, sage ich oft: „Wenn es niemand anderen mit dieser Positionierung gäbe, dann wäre ich beunruhigt!" Denn das ist eventuell ein Zeichen dafür, dass es hier auch gar keinen Markt, sprich keine Nachfrage gibt. Und die Wahrscheinlich ist hoch, dass es für Deutschland schon okay ist, wenn es zwei, drei oder gar 20 Coachs mit Ihrer Spezialisierung gibt.

TANJA: Wichtig ist und bleibt es natürlich, konsequent die anvisierte Zielgruppe in den Werbemitteln anzusprechen. Lassen Sie sich nicht von wohlmeinenden Kollegen dazu überreden, Ihre Zielgruppe aufzuweichen.

RUTH: Das Aufweichen – und damit geht der Verlust des klaren Profils einher – ist nicht nötig. Denn ganz ohne eigenes Zutun werden sich auch Kunden melden, die gar nicht der Zielgruppe entsprechen.

TANJA: Wenn wir etwas als Positionierung ins „Schaufenster" stellen, dann bedeutet das keineswegs, nur ein Ding zu verkaufen. Einem Coach, der als Experte wahrgenommenen wird, traut man nicht nur mehr zu, er erhält auch mehr Anfragen nach dem Motto: „Wenn Sie Coaching für Lehrer anbieten, dann können Sie doch bestimmt auch mit Referendaren arbeiten?" Zudem kann sich noch eine Menge mehr im Laden befinden, was der Kunde vom Bürgersteig erst einmal gar nicht sehen kann. Wenn er dann – angezogen vom Fenster – in das Geschäft hineinkommt und dort die Auswahl sieht, kann er mit ein wenig Beratung das Beste für sich auswählen.

RUTH: Damit das Fenster aber möglichst attraktiv ist, ist es extrem wichtig, auszuwählen, was dort zu sehen ist. Und fast noch wichtiger ist es, wie man dafür wirbt, damit das Fenster beachtet wird. Mit Werbemitteln, die die Zielgruppe im wahrsten Sinne des Wortes „erreichen". Sehr spezielle gegebenenfalls. Denn oft weiß der Kunde noch gar nicht, dass es überhaupt einen speziellen Coach für sein Thema gibt. Unwahrscheinlich, dass der Kunde die Nadel im Heuhaufen „Coachingmarkt" findet, wenn er nicht mit einem Magneten dort suchen wird. Sorgen Sie dafür, dass das Werbemittel Ihrer Stecknadel „magnetisch" ist und den passenden Kunden, der noch nicht von Ihnen weiß, anzieht.

TANJA: Sie müssen in erster Linie dafür sorgen, dass Ihre Zielgruppe erfährt, es gibt Sie – und mit Ihrem Angebot. Das kann durch den eigenen Blog erfolgen, durch Social Media, passende Vorträge vor der Zielgruppe, PR, Internetforen usw.

RUTH: Ein gutes Beispiel dafür ist Mona Köppen. Ihr Motto: „Ich mache Musiker wieder glücklich." Mona, die Metallblasinstrumentenmacherin ist und selbst etliche Instrumente spielt, ist dort unterwegs, wo Musiker sind. Bei der Registerprobe, auf Musikmessen, in Zeitungen und Internetforen speziell für Musiker. Ihre Angebote sind mit Musikbegriffen „ausgeschildert". Sie liebt, was sie tut, und hat eine spitze Positionierung, die sie sehr einfach pflegen kann, weil sie selbst „eine von ihnen ist". Mona stellen wir später vor. Sie ist ein seltener Fall: Multitalent (auch Scanner genannt) und Stecknadel zugleich.

5.2 Die Stricknadel-Positionierung

TANJA: Diese Art der Positionierung kommt nach unserem Ermessen häufig vor und ist, ehrlich gesagt, die von mir favorisierte. Durch die Anzahl von mindestens zwei Nadeln – sprich zwei verschiedenen Schwerpunkten – ist sie deutlich vielseitiger.

RUTH: Für die Handarbeitsfans unter uns ist klar, was wir erst entdecken mussten: Je nachdem was man „strickt", verwendet man nicht nur Nadeln mit unterschiedlichen Stärken. Es gibt auch ganz verschiedene Nadeln, zum Beispiel aus Holz oder Metall. Und je nach gewünschtem Ergebnis verwendet man entweder eine lange Rundnadel oder (mindestens) zwei einzelne Stricknadeln.

Beispiele für typische Stricknadel-Positionierungen:

Nadel 1:	Nadel 2:
Coach mit Positionierung Business	Coach mit Positionierung Privatkunden
Coach für das Thema X	Trainer für das Thema X oder auch Y
Trainer	Coach und Speaker
Coach	Speaker und Moderator
Coach für das Thema X	Autor für das Thema Y
Coach	noch angestellt in einer Firma
Trainer für das Thema X	Berater für das Thema X oder auch Y

TANJA: Manche Multitalente sind sogar in der Lage, mit fünf Nadeln gleichzeitig an ihren „Erfolgssocken" zu stricken.

Warum ist diese Art der Positionierung so beliebt? Hier die Vorteile:

Viele Coachs arbeiten auch als Trainer und wollen dies zur Risikoabsicherung gerne so halten. In schlechten Auftragszeiten für Trainer hat man so zumindest noch die Chance, als Coach seine Miete zu verdienen – und umgekehrt.

RUTH: Gerade für den Start in die Selbstständigkeit ist es sehr sinnvoll, nicht alles auf eine Karte zu setzen – zumal dann, wenn man vom Coaching leben will oder muss. Das braucht seine Zeit – egal welche Positionierungsart man wählt.

TANJA: Einige Coachs wollen sich auch einfach nicht beschränken und sind in mehr als einem Thema oder auch als Trainer brillant. Mit zwei ganz unterschiedlichen Nadeln kann man dies auch glaubwürdig leben – wenn man es aus Marketingsicht richtig macht. Wie das geht, zeigen wir Ihnen am Ende des Kapitels.

RUTH: Manche Nadeln liegen nah beieinander oder schaden einander zumindest nicht. Dann können Sie diese beiden Standbeine auch gut in einem Auftritt zusammenführen. Jedem Kunden dürfte plausibel sein, dass ein guter Trainer für das Thema Gewaltfreie Kommunikation hierzu auch Einzel-Coachings geben und eventuell sogar ein Buch darüber schreiben kann.

TANJA: Wie es im Einzelnen funktioniert, hängt von jedem Coach als Mensch ab und auch von den jeweiligen Themen. Manche fühlen sich wohler damit, die Nadeln weit auseinander zu halten, andere wieder führen sie gern ganz nah zusammen. Zur Inspiration zeigen wir Ihnen nun, wie dies einige Kollegen für sich gelöst haben.

5.2.1 Praxisbeispiele für Stricknadel-Positionierungen

TANJA: Wir freuen uns sehr, dass wir ein paar illustre „Stricknadeln" gefunden haben, die so gar nicht nach Handarbeit aussehen. Mit dabei sind unter anderen ein Motorsport-Coach, eine Trainerin für virtuelle Führung von Teams und eine Trainerin für Demenzerkrankte, mit der wir gleich starten:

5.2.1.1 Margarete Stöcker

	Margarete Stöcker (Schwerte), mit Sina ☺
Positionierung für „Nadel 1":	Trainerin und Inhaberin des Bildungsinstituts Fortbildungvor-ort, spezialisiert auf Inhouse-Schulungen in den Einrichtungen der stationären und der ambulanten Pflege sowie in Kranken-häusern, Hospizen, Vereinen oder Institutionen
„Schaufenster-Zielgruppe":	Menschen, die in Pflege und Betreuung tätig sind
Website „Nadel 1"	↗ http://www.fortbildungvorort.de
Positionierung für „Nadel 2":	Mimikresonanz-Trainerin und Mimikresonanz-Trainerin für Menschen mit Demenz
„Schaufenster-Zielgruppe":	Menschen, die in Pflege und Betreuung tätig sind, und Ange-hörige der Erkrankten
Website „Nadel 2"	↗ http://www.mimikresonanz-institut.de

RUTH: Margarete Stöcker ist ein gutes Beispiel für ein „Eigengewächs" aus der Branche, in der sie aufgewachsen ist. Als Diplom-Pflegewirtin und Master of Arts im Gesundheits- und Sozialmanagement gründete sie 2004 ihr Bildungsinstitut für Gesundheitsberufe. Wie ist es dazu gekommen bzw. dabei geblieben?

MARGARETE STÖCKER: Die Zielgruppe war schon von meiner Vita vorgegeben. Ich komme selbst aus dem Bereich und damit würde ich, mal ganz plakativ gesagt, keine Autos verkaufen. Ich biete mein Wissen und meine Erfahrung in der Branche an, in der ich groß geworden bin, und, das ist entscheidend, spreche die Sprache meiner Zielgruppe.

RUTH: Sie sprechen nicht nur die Sprache der Zielgruppe, sondern sind auch selbst immer in Ihrer Zielgruppe unterwegs gewesen und zudem von ganzem Herzen Trainerin.

MARGARETE STÖCKER: Ich identifiziere mich klar mit den Coachs, bin aber Trainerin. Früh schon habe ich mit dem Unterrichten begonnen, bin alleine in meiner Zielgruppe bereits über 20 Jahre unterwegs.

RUTH: Gab es nie die Verlockung einer anderen Zielgruppe?

MARGARETE STÖCKER: Mein Tageshonorar sähe anders aus, wenn ich in Stuttgart bei Porsche referieren oder trainieren würde oder sonst wo in der freien Wirtschaft. 2.000 – 3.000 Euro Tageshonorar, darüber brauche ich gar nicht nachzudenken. Wenn meine Zielgruppe das auch bezahlen würde, das wäre schon was. Dann würde ich sie noch mehr lieben, als ich das eh schon tue ☺! Trotz alledem, ich möchte meine Zielgruppe nicht wechseln, nicht verlassen, bin dort schon sehr stark verwurzelt. Außerdem bin ich von den Themen her sehr breit und tief, kann ständig mitwachsen. Was heute noch trainiert wird, ist morgen schon wieder veraltet – nicht von der Grundstruktur her, aber von den Inhalten. Es macht den Profi ja aus, das Angebot so zu gestalten, dass die Zielgruppe praxisorientiert damit arbeiten kann.

RUTH: Dann gibt es aber noch eine zweite Nadel, mit der Sie unterwegs sind. Fast wie bei einer Art Rundnadel ist sie eng mit der ersten Nadel verbunden. Und mit dieser zweiten Nadel arbeiten Sie quasi von der anderen Seite her auf die Zielgruppe zu: Seit 2012 sind Sie Mimikresonanz-Trainerin, seit 2014 mit der Spezialisierung für Menschen mit Demenz. Das finde ich großartig, welch ein tolles Einsatzgebiet für diese Methode, bei der emotionale Signale aus der Gesichtsmimik richtig interpretiert werden können!

MARGARETE STÖCKER: Gerade bei Menschen mit Demenz gilt: Wir sind oft die einzige Lobby des Empfängers. Es geht ja um den Empfänger, also um den Demenzkranken und darum, dass die Pflegenden innerhalb der vorgegebenen Rahmenbedingungen empathisch arbeiten können. Der Mensch steht im Mittelpunkt, nicht sein Krankheitsbild. Er möchte nicht bevormundet werden, er möchte nicht fremdbestimmt werden, er möchte wertgeschätzt werden. Und wenn ich das unterstützen kann, dann ist das gut. Mimikresonanz für Menschen mit Demenz steckt natürlich noch in den Anfängen, aber es tut sich unheimlich viel. Ich merke deutlich, dass der Markt anfängt zu reagieren. Der erste Fachartikel dazu wurde bereits veröffentlicht und bald kommt der nächste, in einer Auflage von 50.000 Exemplaren.

5.2.1.2 Frank Meinhardt

	Frank Meinhardt
Positionierung für „Nadel 1":	Kommunikationstrainer und Coach für sein Unternehmen Trikolon
„Schaufenster-Zielgruppe":	Unternehmer mit Angestellten im direkten Kundenkontakt (Verkauf, QM etc.)
Website „Nadel 1"	↗ http://www.trikolon.de
Positionierung für „Nadel 2":	Motorsport-Coach
„Schaufenster-Zielgruppe":	Motorsportler (Nachwuchs)
Website „Nadel 2"	↗ http://www.motorsportcoach.com

TANJA: Franks Standbein als Kommunikations-Coach und Trainer für Unternehmen stellen wir Ihnen hier nicht im Detail vor. Nicht etwa, weil diese Positionierung nicht gut gelungen ist, sondern weil wir Ihnen vor allem bei Nadel 2 eine noch spannendere Positionierung zeigen können. Niemand vergisst, welchen Schwerpunkt er hat, wenn Frank sich als „Motorsport-Coach" vorstellt. Viele Kollegen wundern sich über diese spitze Positionierung und fragen sich: „Gibt es überhaupt genügend Motorsportler?"

FRANK MEINHARDT: Ganz im Gegenteil! Ich habe in diesem Jahr erkannt, dass ich noch schärfer werden muss mit meiner Positionierung. In der Zielgruppe Motorsportler gibt es Unterzielgruppen, die für mich noch mal viel einfacher zu akquirieren sind als Motorsportler allgemein. Ich glaube, ich kann mich noch spezieller mit Themen aufstellen, um die Zielgruppe zu erreichen.

RUTH: Wie bist du darauf gekommen? Gab es einen bestimmten Moment, in dem du gemerkt hast, dass nicht alle aufs Gleiche „abfahren"?

FRANK MEINHARDT: Der große Gedanke kam mit einem Blog-Beitrag, den ich geschrieben habe und der eine unglaubliche Reichweite hatte. Über Facebook erzielte er die vierzehn- bis fünfzehnfache Reichweite meiner sonstigen Blog-Beiträge.

RUTH: Welches Thema hatte dieser spezielle Beitrag?

FRANK MEINHARDT: Ich habe ein interessantes Thema genommen: Mental-Training im Alltag für Motorsportler. Inhaltlich ging es um relativ einfache Übungen, die du jeden Tag beim Aufstehen, beim Zähneputzen, bei der Fahrt ins Büro, vor dem Einschlafen und beim Fernsehen machen kannst. Immer wieder so kleine Konzentrationsübungen, so für 30 Sekunden. Die Überschrift lautete: „Ich trainiere schon so viel. Wann soll ich denn auch noch Mental-Training machen?" Mit 5 Euro (!) habe ich den Beitrag bei Facebook beworben – und mit 3.800 Lesern ging er durch die Decke.

RUTH: Und wie bist du von da auf die Idee des Nachschärfens gekommen?

FRANK MEINHARDT: Komplett aus dem Blauen heraus erhielt ich eine Nachricht: „Herr Meinhardt, ich bin vom XY-Verband und betreue hier einen jungen Sportler. Können wir uns mal zusammensetzen?" So, das war die erste Reaktion, die ich zu diesem Thema auf den Blog-Beitrag hatte. Und dann ging mir auf: Verdammt, ich bin wahrscheinlich in der falschen Zielgruppe unterwegs. All die großen Jungs, die in der GT-Masters fahren, die meinen, sie könnten ja alles, die erreiche ich gar nicht oder nur schwer. Aber all die Laien-Jungs und -Mädels mit 15 oder 16, die haben eine ganz andere Auffassung von dem Thema. Die meinen: „Na logisch muss ich noch was lernen" – egal in welchem Bereich.

RUTH: Du hast mir von ein paar tollen Fällen erzählt, die zwar noch vereinzelt sind, aber dafür langfristig in Begleitung enden. Vor allem immer dann, wenn Unfälle auf der Strecke passiert sind. Du wirst dann teilweise auch sehr punktuell zur Streckenbegehung eingeflogen. Gerade beim Nachwuchs öffnet dir das Training sozusagen die Türen. Das finde ich extrem spannend und auch total logisch! Als wir im Januar 2015 darüber sprachen, hattest du starke Bedenken, dass diese Zielgruppe Geld für dich ausgeben wird. Ich wollte das damals schon nicht glauben und frage dich deshalb: Wie sind deine Erfahrungen, Stand heute?

FRANK MEINHARDT: Das war der Glaubenssatz!

RUTH: Ist er verschwunden? Hast du ihn bearbeiten lassen? Selbst bearbeitet?

FRANK MEINHARDT: Ja, eher Letzteres. Aber gar nicht so bewusst. In dem Moment, wo die Rallye-Fahrer sagen: „Komm bitte hierher, mach mir drei Angebote, inklusive der Flüge (das waren auch noch Schwaben, die mich da eingeladen hatten). Komm mal bitte" – und dann: zack, gebucht! Wie gesagt, wenn die von etwas überzeugt sind, ist der finanzielle Aufwand irrelevant.

RUTH: Das glaube ich sofort und das gefällt mir viel besser als dein alter Glaubenssatz! Du bist damit ein großartiges Beispiel für: „Komm ins Handeln" und arbeite, dann werden sich einige Schwierigkeiten von selbst lösen!

TANJA: An Franks Beispiel können wir zwei Sachen sehr gut sehen:
1. Spitzer positionieren geht immer – und bringt tatsächlich mehr Kunden!
2. Klare Positionierung ermöglicht eine 1a-Kundenansprache, wie Film[9] und Foto beweisen:

Hier sehen wir Frank in typischer Rennfahrer-Montur beim Coaching

TANJA: Bei unserem nächsten Beispiel geht es zum Teil auch um Wettkampf – allerdings um einen der ganz anderen Art.

---

9   Link zum Film: ↗ https://www.youtube.com/watch?v=4OB3cLk3ABc

5.2.1.3 Stefan Blum

	Stefan Blum (Duisburg)
Positionierung für „Nadel 1":	Coach für Kampfsportler aus dem Großraum Ruhrgebiet und Düsseldorf
„Schaufenster-Zielgruppe":	Kampfsportler
Website „Nadel 1"	↗ http://www.blumcoaching.de
Positionierung für „Nadel 2":	Mimikresonanz-Trainer für Weiterbildungsträger
„Schaufenster-Zielgruppe":	Menschen mit Kundenkontakt bei den Weiterbildungsträgern
Website „Nadel 2"	↗ http://www.blumcoaching.de

RUTH: Ich möchte unsere nächste „Stricknadel" zunächst gerne selbst zu Wort kommen lassen. Im Interview hat er mir nämlich erzählt, dass es für ihn deutlich leichter ist, sich und seine Dienste als Coach anzubieten, seitdem er positioniert ist.

STEFAN BLUM: Die Fokussierung auf die zwei Themen hat mich dazu gebracht, dass ich klar äußern kann, was ich anzubieten habe. Das fällt mir jetzt – egal wo – sehr viel leichter. Vom Bauchladen zur Stricknadel oder gar Stecknadel ☺. Die meisten Coachs bewegen sich am Markt mit dem Motto: „Ich kann alles" bzw.: „Meine Methoden sind für alles gut und für jedes Thema". Das mache ich nicht mehr. Ich konzentriere mich, auch in der Ansprache, ganz klar auf diese beiden Themen.

RUTH: Du sagst das jetzt so locker! Kannst du dich noch erinnern, was vorher so schlimm daran war? Was dich ängstigte?

STEFAN BLUM: Die Beschränkung auf genau dieses Thema, diese Einschränkung und die Sorge, nicht genug zu tun zu haben. Ihr habt ja allen möglichen Leuten und auch mir gesagt, dass dem nicht so ist. Aber ich musste das selber ausprobieren. Das musste ich tatsächlich selbst auch erst erfahren.

Ruth: … und dann war es nicht so schlimm.

Stefan Blum: Nein, überhaupt nicht. In der Umsetzung war es dann noch mal etwas schwierig, da hätte ich jemanden gebraucht, der mich an die Hand nimmt, ganz konkret, Schritt für Schritt.

Tanja: Ja, das finde ich auch wichtig und hilfreich. Deshalb begleitet und unterstützt Ruth ja ganz bewusst die ersten sechs Monate innerhalb des Positionierungs-Prozesses, damit die Umsetzung gelingt! Aber die Schwierigkeiten liegen sicher auch an den noch – mangelnden – Vorbildern. Jeder Trainer und Coach muss sich da ziemlich alleine umtun, denn die wenigsten Kollegen sind positioniert. Auch wenn man gar nicht 1:1 abkupfern will, die eine oder andere Anregung wäre sicher hilfreich und macht natürlich auch mehr Mut als der Einheitsbrei um einen herum.

Ruth: Da beißt sich die Katze ja wunderbar in den Schwanz. Wir haben einfach noch nicht genügend Vorbilder für gute Positionierungen. Und die, die wir haben, die sind so mega-erfolgreich, dass die Leute einfach nur sagen: „Das ist ja etwas ganz anderes …" Dabei haben die Erfolgreichen nur sehr früh erkannt – oder es wurde ihnen beigebracht –, dass Positionierung wichtig ist. Und damit sind sie heute allen anderen meilenweit voraus.

Tanja: Jetzt verstehen Sie bestimmt noch besser, weshalb es uns so wichtig war, ganz viele echte Praxisbeispiele für dieses Buch zu finden! Lernen am Modell ist und bleibt immer noch eine der erfolgreichen Lernstrategien. Deshalb machen wir direkt mit dem nächsten Beispiel weiter. Frau Höhne kennen Sie ja vielleicht noch aus Kapitel 1.

5.2.1.4 Gudrun Monika Höhne

	**Gudrun Monika Höhne** (München)
Positionierung für „Nadel 1": (nicht ganz soooo spitz)	Life-Coaching (und Seminare) für Menschen in Umorientierungs-Situationen
„Schaufenster-Zielgruppe":	Menschen, die ungewollt kinderlos geblieben sind, und Menschen in Umbruchsituationen
Website „Nadel 1"	↗ http://www.kinderlos-muenchen.de und ↗ http://www.gudrun-monika-hoehne.de
Positionierung für „Nadel 2":	Training und Beratung zur virtuellen Führung
„Schaufenster-Zielgruppe":	Personalabteilungen von internationalen Konzernen, die mit virtuellen Teams arbeiten
Website „Nadel 2"	↗ http://thehumanfactor.de

TANJA: Gudrun Monika Höhne haben wir zufällig beim Google-Bingo gefunden, als wir sehen wollten, wie viele Coachs bei den Suchbegriffen „Coach" und „kinderlos" erscheinen. Ihre Seite war richtig gut positioniert. So gut, dass wir um ein Interview für dieses Buch angefragt haben. Erst im Nachgang haben wir die gute Marketingstrategie von Frau Höhne realisiert. Bei unserer Suche haben wir nämlich die Spezialseite für das Thema Kinderlosigkeit im Netz gefunden. Diese ist aber nur eine Zusatzseite zu ihren beiden Websites, je eine pro Positionierung (Nadel 1 und Nadel 2). Die Zusatzseite hat den Vorteil, dass Frau Höhne von der speziellen Zielgruppe als „Stecknadel-Positionierung" wahrgenommen und deshalb für sehr glaubwürdig gehalten wird. Zusätzlich verbessert sie auf diesem Wege ihre Auffindbarkeit im Netz, und das hat mich sehr interessiert.

Gudrun Monika Höhne
Coaching & Orientierung

Tel: +49(0)89-90 54 84 55
Mail: info(at)gudrun-monika-hoehne.de

Plan A oder Plan B: Lebe, was dir wichtig ist!

Unerfüllter Kinderwunsch

Unerfüllter Kinderwunsch? Plan B: Kinderwunsch ade

Auch ohne eigene Kinder glücklich!

Ungewollt kinderlos?

Kennen Sie das? Sie haben lange vergeblich versucht, schwanger zu werden oder einfach nicht den richtigen Partner dazu gefunden. Die Gründe für **ungewollte Kinderlosigkeit** sind vielfältig.

Ein **unerfüllter Kinderwunsch** kann für Frauen sehr schmerzhaft sein. Sind Sie auch betroffen? Was bedeutet das für Sie, ein Leben ohne eigene Kinder zu führen? Wie gehen Sie damit um? Sind Sie bereit, sich von Ihrem Kinderwunsch würdig zu verabschieden und neue Wege zu gehen?

Bild: © Onur Döngel – iStock

TANJA: Frau Höhne, ich habe Sie ja ganz wunderbar auf der ersten Seite mit dem obigen Auftritt gefunden. Bieten Sie tatsächlich ausschließlich nur Coaching für das Thema Kinderlosigkeit an? Es gibt ja auch Coachs, die zusätzlich zum Thema Unterstützung des Kinderwunsches arbeiten.

GUDRUN MONIKA HÖHNE: Nein, das mache ich nicht. Diese Kunden empfehle ich dann an andere Spezialisten weiter.

TANJA: Das gefällt mir gut. Gerade bei diesem sensiblen Thema fühlen sich Betroffene sicherlich so besser bei Ihnen aufgehoben! Viele Coachs haben Angst, dass bei so einer klaren Positionierung zu wenige Kunden übrig bleiben. Welche Erfahrungen haben Sie damit gemacht?

GUDRUN MONIKA HÖHNE: Ich bin mir sicher: Ohne diese Positionierung hätte ich gar keine Klienten. Es gibt doch schon so viele Coachs und vom Wohnort einmal abgesehen unterscheidet mich ja nichts von den anderen. Interessanterweise kommen meine Kunden aus ganz Deutschland zu den Workshops angereist. Manche der weit entfernt lebenden Klienten coache ich auch via Skype.

TANJA: Wie gehen Sie mit den verschiedenen Positionierungen aus Marketingsicht um?

GUDRUN MONIKA HÖHNE: Der „The-human-factor"-Auftritt ist mein Auftritt als Trainerin und Beraterin für Unternehmen. Mit der Gudrun-Monika-Höhne-Seite spreche ich nur private Coachingkunden in Umorientierungs-Situationen an. Die Seite ↗ http://angebot.gudrun-monika-hoehne.de ist eine spezielle Landing-Page, die ich ab und an über Google Adwords bewerbe, besonders dann, wenn ich wieder einen Workshop für kinderlose Frauen veranstalte.

TANJA: Mir gefällt Ihre Lösung gut! Werfen wir doch mal einen Blick auf die ganz anders gestaltete Website:

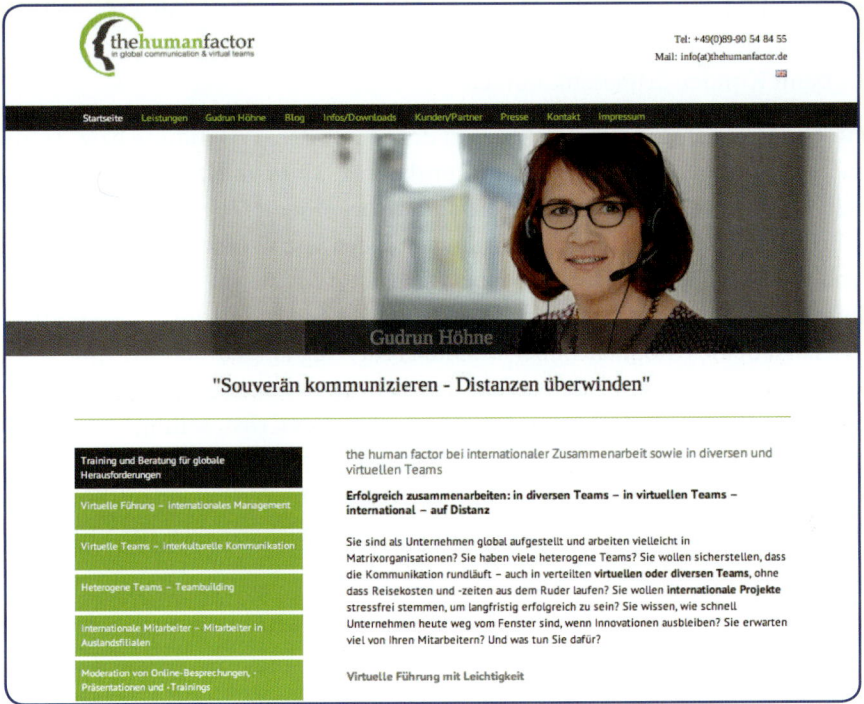

TANJA: Hier sieht man sehr schön, dass für die Zielgruppe die Farb- und Bildwelt ganz anders gestaltet ist als für die ungewollt Kinderlosen. Und man erkennt an diesem Beispiel sehr gut: Beide Schwerpunkte passen wirklich nicht in einen Marketingauftritt!

Frau Höhne, wollen Sie denn weiterhin mit beiden Nadeln an Ihrem Erfolg stricken?

GUDRUN MONIKA HÖHNE: Beide Standbeine machen mir großen Spaß. Die Zielgruppen sind jedoch komplett unterschiedlich. In beiden Bereichen habe ich eine starke Spezialisierung.

5.2.2 Watch-List für Stricknadeln: Worauf müssen Sie ein Auge haben?

TANJA: Als Stricknadel müssen Sie gegebenenfalls mehr Geld für Werbemittel ausgeben, da Sie ja verschiedene Inhalte und damit unter Umständen auch verschiedene Zielgruppen bewerben. Wenn Sie gefragt werden, was Sie denn so beruflich machen, müssen Sie jeweils genau überlegen, wem Sie welche Stricknadel vorstellen. Und natürlich wird es immer wieder wohlmeinende Menschen geben, die Ihnen sagen, dass Sie sich mal endlich fokussieren sollen.

Falls Sie gemeinsam mit beiden Nadeln in einem Werbemittel auftreten, müssen Sie mehr als bei der „Stecknadelpositionierung" tun, um glaubwürdig mit Ihren Fähigkeiten beim Kunden „rüberzukommen".

RUTH: Die Herausforderung liegt hier in der passenden Verbindung bzw. Trennung der beiden Nadeln in der Außenkommunikation. Manche Nadeln sind thematisch zu weit entfernt oder die eine sticht die andere bei einer der beiden Zielgruppen aus. Zum Beispiel wollen die meisten Vorstände ungern von Coachs begleitet werden, deren anderes Standbein Farb- und Stilberatung ist oder die gar als staatlich geprüfter Heilpraktiker (aus Sicht mancher Unternehmensvorstände) „ihr Unwesen treiben". Vielleicht ist beides möglich – aber wenn das Ihr Weg ist, würden wir Ihnen bei diesem Beispiel empfehlen, beide Nadeln deutlich zu trennen: zwei separate Internetauftritte, die nicht verlinkt sind, und kein vorschnelles Cross-Selling beim Vorstand, nach dem Motto: „Das Teamproblem haben wir jetzt im Griff, aber über Ihre Krawatte sollten wir noch einmal sprechen …" Oder gar: „Neben einem Kommunikationscoaching empfehle ich Ihnen auch ein paar Kügelchen gegen Ihr Sodbrennen."

Die Hauptaufgabe von „Stricknadeln" ist die glaubwürdige Darstellung der verschiedenen Nadeln. Entweder beide (bzw. alle) Nadeln gemeinsam zeigen – oder sie sauber getrennt halten.

TANJA: Ich finde, Frau Höhne hat das sehr schön gelöst. Sie hat für die jeweilige Zielgruppe passende Websites, die aber nur bedingt miteinander verlinkt sind. Auf der Seite zum Thema „Menschen in Umbruchsituationen" hat sie unter „Über mich" ihre ganz persönliche Lebensgeschichte geschildert. Hier lese ich, wie ihr Leben durch ganze viele Umbruchsituationen geprägt war: Umzüge ins Ausland, ihr Umgang mit einer überraschenden Kündigung oder auch die eigene ungewollte Kinderlosigkeit. Das sorgt für Glaubwürdigkeit, und genau das meinen wir, wenn wir von authentischer Positionierung sprechen. Ich glaube Frau Höhne, wenn sie dort schreibt:

„Ich bin heute eine sehr glückliche Frau und betrachte mich als absolutes Steh-aufmännchen. Ich habe es gelernt, die Dinge, die ich nicht ändern kann, zu ak-zeptieren, anstatt zu hadern. Ich konzentriere mich auf meine Möglichkeiten und Stärken und lerne jeden Tag etwas Neues dazu. Und ich bin davon überzeugt: Das können Sie auch! Es gibt viele Wege, einen Tag und ein ganzes Leben zu gestalten. Ich unterstütze Sie gerne dabei, Ihren Weg zu finden."

RUTH: Die Entscheidung, „Was zeige ich wem wo und wie?" muss regelmäßig hin-terfragt werden, denn die Meinung der Zielgruppe kann sich ändern. Zum Beispiel kann es in drei Jahren in Vorstandskreisen plötzlich total „hipp" sein, sich gesund-heitlich von einem gut ausgebildeten Heilpraktiker begleiten zu lassen.

TANJA: Über die Jahre kann sich auch thematisch gesehen etwas „Rost" (oder eine andere Art der Verschmutzung) auf eine Nadel oder auch auf beide Nadeln legen. Im Jahr 2015 waren Sie vielleicht noch sauber aufgestellt, hatten dann aber Ideen, was Sie mit Nadel 1 noch zusätzlich anbieten könnten. Es gilt also, regelmäßig alle Nadeln zu betrachten, sie bei Bedarf zu (be)reinigen oder die eine nochmals nach-zuspitzen, wie es unser Motorsport-Coach gerade tut. Für alle, die sich eher in die nächste Kategorie der Positionierungsarten einsortieren, ist diese Herausforderung noch deutlich größer …

5.3 Die Roter-Faden-Positionierung

Ruth: Unsere nächste Art der Positionierung ist bei vielen Coachs rein äußerlich oft schwer zu erkennen. Mal halten sie ein Training für die katholische Kirche zum Thema „Interkulturelle Kompetenz", dann coachen sie vielleicht einen Vorstand zum Thema „Intelligente Anreizsysteme", am Wochenende veranstalten sie für die Auszubildenden der Firma noch ein Business-Knigge-Seminar, um sie für das nächste Geschäftsessen gut vorzubereiten, und unterstützen zudem Vorgesetzte mit ihrem Wissen aus dem Bereich Kommunikations- und Selbstkompetenz für ihre Rolle als Führungskraft.

Tanja: Würden Sie sagen, dass ein solcher Coach positioniert ist? Wahrscheinlich nicht, oder? Aber es gibt hier eine Positionierung – und zwar eine Art, die bislang einfach nicht bekannt war, weil wir sie erst definieren mussten ☺. Das ist die Roter-Faden-Positionierung, bei Mathe-Fans auch als „gemeinsamer Nenner" bekannt. Ein Thema verbindet hier alle Aktivitäten miteinander, sodass es insgesamt stimmig wird. Das von Ruth eben angeführte Beispiel gibt es wirklich und der rote Faden ist hier das Thema „Wertschätzung". Bei allen Aktionen meines Coach-Kollegen André Latz ist dieses zentrale Thema sein Fokus, denn es liegt ihm am Herzen, wertschätzende Systeme für die Mitarbeiterführung anzuregen. Wertschätzung für die „Mitesser" kann sich unter anderem in guten Tischmanieren zeigen und ganz allgemein in einer wertschätzenden Art der Kommunikation. Wie André Latz zu dieser Ausrichtung kam, zeigen wir Ihnen gleich im ersten Beispiel.

Das Tätigkeits- und Aufgabenspektrum kann in dieser ganz besonderen Art der Positionierung sehr breit sein und hängt davon ab, welche Ausbildung Sie bisher genossen haben, welche Werte und Interessen Sie antreiben und natürlich auch davon, wie hoch der benötigte bzw. gewünschte Umsatz ist.

Vorteile dieser Positionierungsart:

Für viele Selbstständige ist der rote Faden oft das zentrale Thema überhaupt, und das nicht nur in dem, was sie beruflich tun. Einen Schwerpunkt so stark leben zu dürfen gibt der Arbeit einen tiefen Sinn, denn oft sind es ideelle Themen, die alles verbinden. Die Roter-Faden-Positionierung ermöglicht viele, unterschiedliche Tätigkeiten und damit auch Abwechslung. Ein positiver Nebeneffekt ist die Streuung des unternehmerischen Risikos, denn wenn Sie als „Roter Faden" positioniert sind, stehen Sie eigentlich immer auf mehreren Standbeinen.

TANJA: Um die Power der Positionierung positiv für sich zu nutzen, gibt es mehrere Möglichkeiten:

- *Sie weben den roten Faden gut für alle sichtbar durch Ihre Tätigkeiten:*
  Zeigen Sie den gemeinsamen Nenner deutlich in allen Angeboten und Werbemitteln.
- *Sie weben einen transparenten Faden, der nur für Sie erkennbar ist.*
  Dann empfehlen wir Ihnen entweder unterschiedliche Außenauftritte passend nach Zielgruppe/Thema oder regen eine Reduzierung des Angebots an. Nicht alles, was Sie können und machen, muss im Internet stehen oder im Flyer aufgeführt werden. Hier ist eine intelligente Strategie gefragt. Lassen Sie sich dafür einfach von unseren Praxisbeispielen inspirieren.

5.3.1 Praxisbeispiele für Rote-Faden Positionierungen

TANJA: Wir zeigen Ihnen drei ganz unterschiedliche „Rote Fäden", zweimal ganz sichtbar durch den Internetauftritt durchgezogen und einmal – in meinem eigenen Beispiel – transparent gehalten. Los geht es mit einem sehr schönen Beispiel, bei dem sich der rote Faden erst im Marketing-Coaching gezeigt hat.

5.3.1.1 André Latz

	André Latz (Bonn)
Positionierung:	Wertschöpfung durch Wertschätzung
„Schaufenster-Zielgruppe":	Personalabteilungen und Geschäftsführer / Inhaber kleiner bis mittelgroßer Unternehmen
Weitere Kunden:	Business-Knigge-Interessierte
Websites:	↗ http://www.team-entwicklung.net ↗ http://www.businessknigge.com
Die „Roter-Faden-Tätigkeiten":	▪ Training, Beratung und Coachings zu Führungskompetenz, interkultureller Kompetenz, Kommunikation, zum Thema Business-Knigge und zur Selbstkompetenz ▪ ehrenamtlich tätig im Mitarbeiterkreis Jugendpastoral der Redemptoristen mit unterschiedlichsten Aufgaben in der Jugendbildung; Fortbildungen zu Themen wie interkulturelle Kompetenz ▪ Doktorarbeit im Bereich Soziologie zum Thema „Vertrauen und Führung"

TANJA: André und ich haben vor zehn Jahren an der gleichen Coachingausbildung teilgenommen. Schon damals beeindruckten mich sein psychologisches Wissen und die Ernsthaftigkeit, mit der er seine Werte vertritt und lebt. Er fährt klimaneutral Auto, arbeitet oft ehrenamtlich und sein Geschäftskonto hat er bei der EthikBank. Seit der Ausbildung verbindet uns eine enge Freundschaft und er ist der wohl beste „Onkel", den ich mir für meine Tochter aussuchen konnte!

RUTH: Seinen ganz persönlichen Leidensweg zum Thema Positionierung verrät er uns im Interview:

Tanja: Aktuell bist du als Trainer, Berater und Coach positioniert mit dem Schwerpunkt „Wertschöpfung durch Wertschätzung". Bei diesen drei Standbeinen musste ich direkt an den sehr zutreffenden und lesenswerten Artikel von Bernhard Kuntz[10] denken:

> „Kennen Sie die Krankheit TBC? Nein, nicht die Lungenkrankheit. Sie ist in unseren Breitengraden inzwischen recht selten. Doch es grassiert eine gleichnamige Seuche, die ausschließlich Bildungs- und Beratungsanbieter befällt. Ihr Symptom: Die Infizierten beschreiben alle ihr Leistungsspektrum mit den Worten Training – Beratung – Coaching, kurz TBC."

Lieber André: Welches von den drei „Ichs" bist du denn nun wirklich?

André Latz: Ich bin ich. Coaching ist mein Hauptgeschäft. Wenn es sich im Rahmen des Coachings zeigt, dass eine Beratung notwendig ist oder ein Training, biete ich das passgenau für die jeweilige Firma an. Für mich hängt das alles zusammen. Die Art, wie ich coache, hängt damit zusammen, wie ich Trainings gebe und umgekehrt. So gesehen bin ich alles drei. Und Patenonkel und Doktorarbeit-Schreiber und Freund und Ehemann. Ich habe ja ganz viele Rollen.

Tanja: Damit sprichst du genau *den* Punkt an, denn viele Rollen zu haben – das trifft ja auf jeden Menschen zu. Leider erwarten die Kunden von uns eine klare Spezialisierung, denn sonst halten sie uns nicht für kompetent. Dein Weg zu deiner jetzigen Spezialisierung war ja auch ein längerer. Wann ist dir denn das erste Mal aufgefallen, dass du dich da klar aufstellen musst?

André Latz: Schon früh! Das erste Mal, dass ich mich bewusst damit auseinandergesetzt habe, war in meiner Ausbildung zum systemischen Coach. Und dann habe ich mich über meine Positionierung lange mit meinem Grafikdesigner zum Thema Corporate Design unterhalten. Das Ergebnis: Mir wurde klar, dass ich Teamentwicklung anbieten wollte, was wiederum dazu führte, dass ich mir den passenden Domainnamen gesichert habe.

Tanja: Im Vergleich zu vielen anderen – auch mir! – bist du da wirklich sehr früh gewesen. Wie hat sich denn die Festlegung auf Teamcoaching für dich angefühlt?

André Latz: Es hat sich gut und richtig angefühlt und entsprechend leicht war auch diese Festlegung. Ein weiterer, wichtiger Schritt für meine Positionierung war eine zweisprachige Website. So muss ich niemandem mehr sagen, dass ich auch in

---

10 Bernhard Kuntz: „Leiden Sie an TBC?" Training aktuell 04/2015, Seite 50. Herzlichen Dank für die freundliche Genehmigung, das Zitat abdrucken zu dürfen!

Englisch coache. Die passenden Kunden werden im wahrsten Sinne des Wortes passend angesprochen.

Tanja: Damit lebst du das, was wir immer predigen: In deinen Werbemitteln zu sagen, dass du international arbeitest, bringt eher wenig. Wenn jedoch deine Marketinginstrumente zweisprachig sind, setzt das jeder einfach voraus. Das ist viel glaubwürdiger.

André Latz: Genau. Allerdings kam mit der Zeit dann ein Problem: Meine Positionierung hat sich weiterentwickelt und damit auch verändert. Das ist das Leben. Manchmal war die Tätigkeit meiner Positionierung voraus und manchmal die Positionierung der Tätigkeit. Im Moment ist meine innerlich festgelegte Positionierung meinem Außenauftritt voraus.

Tanja: Woran merkst du das?

André Latz: Den Prozess kann ich gut an der Veränderung meiner Website erkennen. Gestartet bin ich mit sieben Seiten, was nicht ausreichte. Da fehlten noch Informationen über mich, zum Beispiel über mein soziales Engagement. Das ist meiner Zielgruppe sehr wichtig! Acht Jahre später bin ich bei 67 Unterseiten angelangt. Die Website ist einfach organisch gewachsen und jetzt gibt es eindeutig zu viele Seiten.

Tanja: Wie hat sich das breite Angebot für dich ausgewirkt?

André Latz: Als Erstes fällt mir die Kundin ein, die sagte: „Sie bieten aber viel an. Zu viel." Diese Aussage hat den Ausschlag geben, dass Marketing-Coaching bei euch zu beauftragen. Witzig für mich war es dann zu erkennen, wie betriebsblind ich damals gewesen bin, denn selbst hätte ich es nicht erkannt.

Tanja: Was machst du jetzt mit den Ergebnissen des Marketing-Coachings?

André Latz: Als Erstes habe ich für das Thema Business-Knigge eine eigene Website erstellt und diese dann ganz klar nur auf dieses Thema ausgerichtet: ↗ http://www.businessknigge.com. Meine andere Website werde ich in den nächsten Wochen an meine noch spitzere Positionierung „Wertschätzung" anpassen und alles andere entweder entfernen oder passend zuordnen. Zukünftig werde ich noch klarer nur den Coach mit dem Thema „Wertschöpfung durch Wertschätzung" ins Schaufenster stellen. Und der Berater und Trainer in mir wartet dann im Laden auf die passende Kundschaft. Ich bin im Moment einfach zu breit aufgestellt.

Tanja: Was für ein schönes Bild! Welches Angebot wirst du zukünftig auf deiner Seite in den Fokus rücken?

André Latz: Wertschätzung war schon immer mein Thema. Ich bin nur einfach mit Teamentwicklung gestartet. Aber als roter Faden war Wertschätzung schon immer dabei. Manche Unternehmer wissen jedoch nicht, dass mehr Wertschätzung im Unternehmen auch zu einer höheren Wertschöpfung beiträgt. Deshalb habe ich beide Begriffe in meinem roten Faden verwebt. Jetzt integriere ich diese Haltung durch meine Coachings zu den gezeigten Themenfeldern:

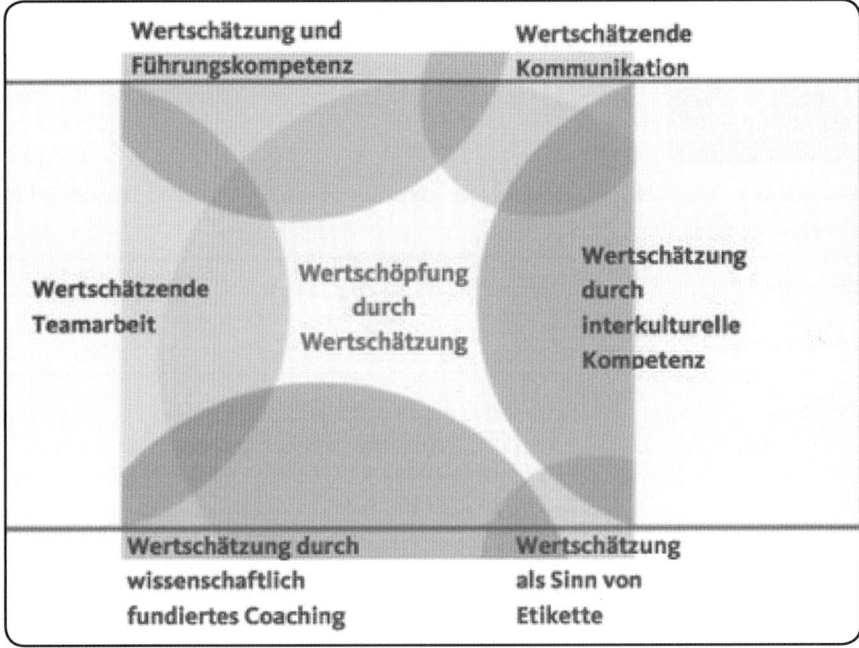

So zeigt André Latz seinen roten Faden auf der Startseite
von ↗ http://www.team-entwicklung.net

RUTH: Lobend möchte ich hier erwähnen, dass André direkt nach unserem Gespräch tatsächlich seine Website komplett renoviert hat. Ähnlich umsetzungsstark ist auch unser nächstes Beispiel.

5.3.1.2 Tanja Klein

	**Tanja Klein** (Bonn)
Rote-Faden-Positionierung:	Einen Beitrag zum Weltfrieden leisten
„Schaufenster-Zielgruppe":	Mütter und Kinder ab zwei Jahren
Weitere Kunden:	Coachs
Websites:	↗ http://kleincoaching.de ↗ http://coachyourmarketing.com ↗ https://www.facebook.com/Mamameditiert ↗ http://abschiedsfilm.com
Die „Roter-Faden-Tätigkeiten":	■ Coachings für Frauen, Kinder und Coachs ■ Marketing-Coachings für Coachs ■ Seminare für Coachs zu Coachingthemen, z. B. Innere-Kind-Arbeit ■ Vorträge zu den Themen „Liebevolle Kommunikation mit Kindern" und NLP ■ Vorträge zum Thema Positionierung und Marketing für Coachs und Trainer ■ Fachbuchautorin zu Marketingthemen ■ Kinderbuchautorin („Mama meditiert") ■ „Filmemacherin" für Menschen, die bald sterben müssen und sich in Liebe verabschieden wollen[11]

---

11 Gemeinsam mit einem Experten-Team entwickelte ich die Drehbücher und stehe bei Bedarf am Drehtag als „Lampenfieber-Coach" und vor allem zur psychologischen Unterstützung zur Verfügung.

RUTH: Neben ihrer Familie hat Tanja eigentlich immer mehr als genug zu tun und entwickelt ständig neue Ideen. Aber einmal bin ich ihr vorausgeeilt: Als Tanja mit ihrem Sohn in Mutterschutz war, entstand der Positionierungsprozess aus Kapitel 3. Auch wenn Positionierung ja nicht zu ihren Lieblingsthemen gehörte, durfte ich diesen Prozess an ihr ausprobieren. Und war ganz schön aufgeregt.

TANJA: Ruths Prozess hat mich gleich doppelt überrascht. Zum einen hätte ich nie gedacht, dass mir Positionierungsarbeit Freude bereiten könnte, zum anderen wusste ich vorher nicht, dass das Thema „zum Weltfrieden beitragen" ein solch wichtiger Antreiber für mich ist. Das Ergebnis klingt nach einer Mischung aus Kitsch pur, gemischt mit Größenwahn … Aber ich habe tatsächlich festgestellt, dass dieser Antreiber mein roter Faden ist, der meine unterschiedlichen Aktivitäten verbindet: meinen Beitrag zu etwas mehr Frieden in der Welt zu leisten.

Ich bin fest davon überzeugt, dass Kinder, die mit viel Liebe aufwachsen, eine größere Chance haben, im Erwachsenenalter friedliche Menschen zu sein. Und Müttern kommt hier eine ganz entscheidende Rolle zu. Wenn ich als Mutter entspannt bin, mich selbst so annehme, wie ich bin, und mir erlaube, den Beruf zu wählen, den ich liebe, dann stehen die Chancen für eine liebevolle Kindheit gut. Jeder Mensch hat seine ganz eigene Liebessprache (siehe Buchtipp: Die fünf Sprachen der Liebe von Gary Chapman). In meinen Coachings und Vorträgen zeige ich deshalb gerne, wie man diese bei seinem Partner und seinen Kindern erkennt und so seine Liebe besser zeigen kann – verbal oder auch nonverbal.

Traumatische Geburtserfahrungen oder Erlebnisse aus der Kindheit können die liebevolle Zuwendung zu sich selbst und seinen Kindern erschweren. Hier kann ich gut unterstützen, immer mit dem Ziel, einen friedlicheren, liebevolleren Umgang in der Familie zu ermöglichen und auch über diese hinausgehend.

Immer mehr Studien zeigen, dass Meditation zu mehr Mitgefühl und weniger Angst beiträgt, und deshalb wollte ich diesen Fokus auch stärker in meine Arbeit integrieren. Ohne „spirituellen Überbau" zeige ich Klienten, wie Meditieren „geht" und wie man den Freiraum dafür von seiner Familie erhält. Ein kleiner Baustein ist hier auch mein Buch „Mama meditiert", das kindgerecht erklärt, weshalb Erwachsene freiwillig still rumsitzen und dabei nicht gestört werden wollen:

Tanja Kleins Kinderbuch, 2016 im YsiR Verlag erschienen

RUTH: Darüber hinaus verschenkt Tanja ihren eigens konzipierten Vortrag „Liebe-volle Kommunikation mit Kindern" an ihre Kollegen und stellt dieses Wissen auch für jedermann unter ↗ http://www.kleincoaching.de bereit.

TANJA: Für das Thema „zum Frieden beitragen" sind meine Coach-Kollegen sehr wichtige Multiplikatoren. Mit unserer Arbeit können wir viel Frieden in Familien, Unternehmen und damit auch in die ganze Welt bringen. Doch die besten Coachs sind oft am schwersten zu finden. Deshalb war es mir schon in unserem ersten Buch „Coach, your Marketing" ein Herzensanliegen, meinen Kollegen zu zeigen, wie man authentisch für sich wirbt, damit die Menschen, die sie dringend brauchen, sie auch finden können. Diese Überzeugung bringt mich dazu, „meine Konkurrenz" mit bes-tem Marketingwissen zu versorgen, obwohl so mancher vielleicht denken könnte, dass das unklug ist … So manches Mal muss ich schmunzeln, wenn beim Googeln mit „Bonn" und „Coach" vor meinem Namen eine Kollegin gefunden wird, die wir beim Marketing unterstützen durften.

RUTH: Aber wie passt dein Angebot des „Abschiedsfilms" dazu?

TANJA: Dazu gibt es zwei Antworten:

1. Gar nicht. Deshalb vermische ich das nicht mit den anderen Themen.
2. Sehr wohl: Als ich selbst nicht wusste, ob ich die OP bzw. die Krebserkrankung überleben würde, war es mir extrem wichtig, meine Familie wissen zu lassen, wie sehr ich sie liebe. Für jeden wollte ich einen eigenen Film aufnehmen, der auch

nach meinem Tod immer wieder aufs Neue diese Liebe ins Leben transportieren würde. Für mich wäre das nur ein kleiner Beitrag gewesen, um „in Frieden ruhen" zu können, und für meine Kinder, damit sie leichter ihren Frieden mit meinem Tod machen könnten. Und vor allem, dass so meine Liebe lebenslang für sie ersichtlich wäre. Und dieses Angebot möchte ich auch Menschen in einer ähnlichen Situation gerne machen und neben dem kreativen Part sie auch mental unterstützen und liebevoll während des Films begleiten.

RUTH: Ich bin sehr froh, dass Tanja diese Filme erst mal nicht für sich selbst brauchen wird, und bewundere es, dass sie die Kraft hat, anderen Menschen in dieser Situation beizustehen. Umso krasser ist dann wieder der Unterschied, wenn sie im Stilwerk in Düsseldorf mit mir gemeinsam vor dem Chapter der International Coach Federation (ICF) einen Vortrag zum Thema „Authentische Positionierung" hält.

TANJA: Mir ist es wichtig, dass Coachs und Trainer von ihrem Traumberuf leben können, ohne sich verbiegen zu müssen. Und ich weiß ja nun, welche Kraft in dem Thema Positionierung steckt. Deshalb halte ich auch gerne Vorträge darüber. Die Leidenschaft als Vortragende verbindet mich – über den gemeinsamen Vornamen hinaus – mit unserem gleich folgenden Beispiel.

RUTH: Was können wir von Tanja lernen? Dass es viel Mut braucht, diesen ganz persönlichen roten Faden hier im Buch – und darüber hinaus – zu erzählen. Und dass es aus Marketingsicht nicht immer Sinn macht, diesen auch den Kunden zu zeigen. Für die meisten Kunden ist ihr roter Faden viel zu weit vom persönlichen Coachinganliegen entfernt. Würde Tanja beispielsweise auf ihrer Website kundtun: „Ich möchte durch meine Arbeit mit Ihnen zu mehr Frieden in der Welt beitragen", könnte das möglicherweise abschreckend wirken.

TANJA: Das ist wahr. Und trotzdem war und ist es für mich sehr wichtig, meinen inneren Kompass zu kennen und mein Handeln an ihm auszurichten! So sieht mein Angebot rein äußerlich wie das einer Stricknadel aus: Marketing auf der einen Seite und Systemische Coachings auf der anderen. Wenn mich jemand fragt, was denn meine Spezialisierung ist, antworte ich meist humorvoll: FKK-Coaching! Nach zwei bis drei Schrecksekunden beim Zuhörer löse ich dann die Abkürzung auf: Ich unterstütze Frauen, Kinder und Coachs[12] dabei, sich von ihren Ängsten zu befreien. Denn das ist der rote Faden den ich auch schon beim ersten Kennenlernen leicht erklären kann. Dieses Arbeiten an Ängsten ist das Kernstück für meine innere Positionierung „Weltfrieden", aber das muss ich am Buffet oder in der Straßenbahn nicht jedem gleich erzählen ☺.

---

12 Bisher hat auch niemand protestiert, dass Coachs doch mit C geschrieben werden.

5.3.1.3 Tanja Peters

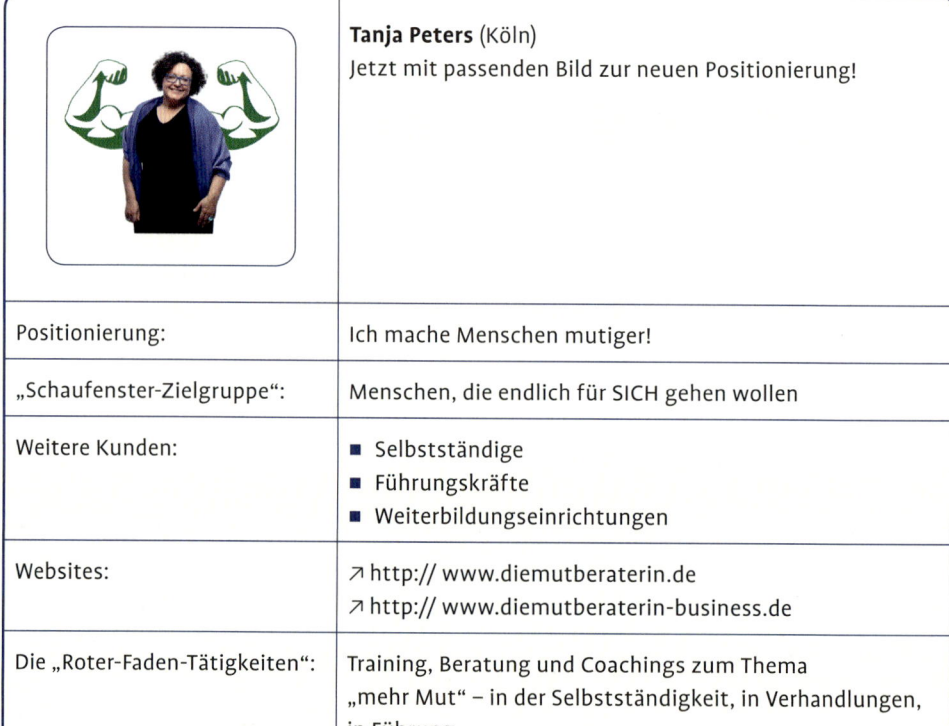

	Tanja Peters (Köln) Jetzt mit passenden Bild zur neuen Positionierung!
Positionierung:	Ich mache Menschen mutiger!
„Schaufenster-Zielgruppe":	Menschen, die endlich für SICH gehen wollen
Weitere Kunden:	■ Selbstständige ■ Führungskräfte ■ Weiterbildungseinrichtungen
Websites:	↗ http:// www.diemutberaterin.de ↗ http:// www.diemutberaterin-business.de
Die „Roter-Faden-Tätigkeiten":	Training, Beratung und Coachings zum Thema „mehr Mut" – in der Selbstständigkeit, in Verhandlungen, in Führung

RUTH: Tanja Peters ist enorm vielfältig, aber ihr gesamtes Angebot ist durch den roten Faden „mehr Mut" verbunden. Sie hat auch sehr viel Mut bewiesen, indem sie ihren ersten Versuch der Positionierung als „Frau für die Krise" schnell auf den Prüfstand gestellt und dann verworfen hat. Kein halbes Jahr hat sie benötigt, um zu erkennen, dass es irgendwie an der Positionierung hakt.

TANJA PETERS: Eigentlich hat es nicht einmal so lange gedauert. Als nach drei Monaten rein gar nichts passierte, habe ich meine Website angeschaut: Ja, hübsch, ganz schön. Aber da kam mir die Frage: Würde ich mich anrufen? Wenn ich selbst jetzt ein Problem hätte, würde ich mich auswählen? Man versucht sich irgendwie gut darzustellen – und merkt dann, dass eigentlich eine ganz andere Ansprache nötig ist. Die Coachingsprache ist lösungsorientiert und kommt gerne mit Werten daher, aber der Kunde kennt das nicht und deshalb muss er so angesprochen werden, dass er weiß: „Hier wird mir geholfen." Darüber lachen wir ja immer gemeinsam: „Ich coache auf Augenhöhe und wertschätzend." – Das ist in der Form auf wirklich fast allen Websites zu finden!

RUTH: Und wie war das anschließend? Waren die nächsten Schritte nach dem Positionierungsprozess leichter?

TANJA PETERS: Eigentlich habe ich das eher als ein „Nach-Hause-Kommen" empfunden. Ich weiß noch sehr genau, wie du das erste Mal das mit dem Mut-Thema gesagt hast. Bei mir gab es dann so einen inneren Anklang: Stimmt, das ist eigentlich schon die ganze Zeit mein Thema! Mein Thema mit zwei Seiten: Der große Angsthase und die sehr mutige Frau. Deswegen ging das in der Praxis auch total leicht. Das gilt auch für den Schmerz, die Flyer usw. wegzuschmeißen, die alte Website, alles zu verändern. Aber darüber habe ich gar nicht lange nachgedacht. Ich bin eher ohne umzudrehen vorangeschritten: Wie soll die neue Domain heißen? Ist Mutberaterin richtig? Gehört noch Tanja Peters davor? Für mich hieß es: Auf zu neuen Ufern und auf zu einem anderen Auftritt. Es passt plötzlich alles so ineinander.

RUTH: Du bist ja jemand, der immer viel ausprobiert, keine Chance vergeben will und auch oft mutig ist. Ich weiß, dass du auch immer mit der Website haderst, damit die ja nicht zu voll ist.

TANJA PETERS: Ja, da ist ja schon was passiert. Vielleicht lag das an Texten aus der Anfangszeit, da hatte ich mich ein wenig zerfleddert. Ich hatte jedenfalls das Gefühl, da ist zu viel auf meiner Website (Texte). Und dann war da dies und jenes … und Moderatorin und Speakerin und Trainerin und … Jetzt bin ich einfach Expertin für Mut, für Sich-mutig-Positionieren und mutig verhandeln.

Aber ständig stellte ich mir Fragen wie: Ich will auch Speakerin sein – muss das nicht auf der Visitenkarte stehen? Wenn man jedoch in die Handlung kommt – ich halte ja mittlerweile Vorträge –, ist das redundant, dann brauchst du es nicht mehr auf die Visitenkarte zu schreiben. Ich tue es jetzt andauernd und die Vorträge finden sich dann eh auf meiner Website. Unterm Strich kann ich sagen: Mich auf drei Sachen zu reduzieren, das hat eher zu einer Zuspitzung geführt.

TANJA: Die größte Überraschung für mich war die, dass du mit dem Thema mutige Positionierung jetzt mit Ruth als zweite Vertreterin für den Coach-Positioning-Circle-Prozess in Deutschland unterwegs bist!

5.3.1.4 Christoph Barthel

© Nancy Ebert 2015	**Christoph Barthel** (Bassenheim, Koblenz)
Roter-Faden-Positionierung:	Training und Coaching für mehr Leidenschaft im Berufsalltag
„Schaufenster-Zielgruppe":	Teams, die besser zusammenarbeiten wollen
Weitere Kunden:	■ Führungskräfte (mit Teams) ■ Unternehmer (Mittelstand) ■ Weiterbildungseinrichtungen
Website:	↗ http://www.christoph-barthel.de
Die „Roter-Faden-Tätigkeiten":	Das Know-how als Trainer und Coach mit dem Wissen aus dem Leistungssport verknüpfen und für den Bereich Teamführung anwenden: ■ Führen unter extremem Druck ■ Konfliktmanagement im Team ■ führend motivieren ■ Talente entdecken

RUTH: Christoph, dein Name ist eng mit dem Handballsport verbunden. Du hast als Leistungssportler und Trainer selbst eine beachtliche Karriere hinter dir und verbindest diese Erfahrungen seit dem letzten Jahr mit deiner Coach-Ausbildung. Wie kommt das an?

CHRISTOPH BARTHEL: Insgesamt wird das sehr wohlwollend aufgenommen, dass ich beispielsweise nicht aus der Versicherung oder dem Verkauf komme, sondern aus dem Sport, und andere Facetten aufzeigen kann. Denn es bestehen sehr viele Parallelen zwischen Sport und Business. Das hat sich letzten Endes nicht nur als glücklich, sondern als richtig herausgestellt. Ich nutze es als roten Faden, was sehr gut ankommt und gerne gesehen wird.

RUTH: Wirkt sich das auch auf deinen Umsatz aus? Bist du den Kollegen voraus, die mit dir in der Ausbildung und nicht an ihrer Positionierung gearbeitet haben?

CHRISTOPH BARTHEL: Ich glaube schon, dass ich da weiter bin. Diese Klarheit ist bei den anderen gar nicht so vorhanden bzw. sie haben den roten Faden noch nicht gefunden. Ich denke schon, dass ich da weiter bin und der Umsatz steigt stetig …

RUTH: Wie steht es mit deinen Bedenken, auf diese Weise auch Kunden abzustoßen oder gar zu verlieren?

CHRISTOPH BARTHEL: Ich denke mal, die nicht-sportaffinen ziehe ich gar nicht erst an, und das ist auch gut so. Natürlich bin ich auch offen für andere Menschen, aber ich erlebe es bei Telefoncoachings für einen großen Konzern, dass sich Teilnehmer anmelden, die einen sportlichen Hintergrund haben. Es gibt so viele Parallelen zwischen Sport und Business, die man in Bildern veranschaulichen kann und die im Sport fußen. Und das macht es so effektiv, leicht und es ist ein sehr schönes Arbeiten.

RUTH: Du hast also keine Angst mehr vor Positionierung. Kannst du dir diese auch noch spitzer vorstellen?

CHRISTOPH BARTHEL: Ich sehe meine Positionierung schon als ziemlich spitz. Noch spitzer?

RUTH: Sie können sich bestimmt vorstellen, dass an diesem Punkt des Interviews eine heiße Diskussion aufflammte! Christoph und ich sind von Anfang an Garanten für gut gelaunte, aber hitzige Streitgespräche gewesen. In diesem Fall bin ich natürlich der Meinung, dass Coachs oder Trainer es sich nicht erlauben können, sich nicht spitz zu positionieren!

5.3.2 Watch-List für „rote Fäden": Worauf müssen Sie ein Auge haben?

RUTH: In der Praxis macht die Positionierung den „Roten Fäden" keine großen Schwierigkeiten, da ihnen selbst klar ist, wofür sie stehen. Der Begriff des roten Fadens kommt übrigens ursprünglich aus der Welt des Militärs: Die britische Marine ließ ihre Taue mit einem solchen Faden durchziehen, um sie vor Diebstahl zu schützen und für jeden deutlich erkennbar zu markieren.

TANJA: Je nachdem, wie Sie sich in Ihrem Marketing zeigen, kann es sein, dass der rote Faden für den Kunden nur schwer oder gar nicht erkennbar ist. Folglich könnte man Sie als nicht positioniert wahrnehmen, Sie nicht im Netz finden und unter Umständen sogar Ihre Persönlichkeit als sprunghaft bewerten.

RUTH: Auch die Marketingkosten können deutlich höher sein als bei den anderen Positionierungsarten. Vielleicht will man für jeden Bereich einen eigenen Internetauftritt, andere Visitenkarten oder gar verschiedene Firmen gründen, die spätestens durch die getrennte Steuerabrechnung das Geschäftskonto deutlich belasten. Da hat Tanja deutlich mehr Aufwand als ich!

TANJA: Manche scheuen auch das „Coming-out" des roten Fadens, ist dieser doch oft sehr persönlich und könnte je nach Anschauung andere Menschen abstoßen. Oder wie in meinem Fall: nur schwer auf dem Werbemittel kommunizierbar. Sobald ein Kunde mich persönlich kennengelernt hat, fällt es mir sehr viel leichter, meinen roten Faden verständlich aufzuzeigen.

RUTH: Wie auch bei allen anderen Positionierungen kann sich hier Artfremdes einschleichen. „Was nicht passt, wird passend gemacht", könnte sich so mancher Kollege sagen. Prüfen Sie regelmäßig Ihr Angebot und testen Sie, ob das Rote-Faden-Thema noch relevant für Sie ist! Vielleicht hat sich die Zeit geändert und damit auch Ihr innerer Schwerpunkt? Oder vielleicht wollen Sie auch etwas daran ändern, wie Sie diesen Schwerpunkt nach außen zeigen?

RUTH: Die Überprüfung ist eigentlich immer ganz einfach: Ob ein Angebot passt oder nicht, wird am zentralen Thema abgeprüft. Und das ist der wichtigste Punkt: Es muss ein zentrales Thema geben, das alle (bzw. die gezeigten) Tätigkeiten sinnvoll miteinander verbindet.

Das kann zur Folge haben, dass eine Mischung aus „Ich zeige den roten Faden" und „Ich trenne einzelne Schwerpunkte ab" hilfreich ist, um glaubwürdig wahrgenommen zu werden. Tanja trennt die Zielgruppen „Coachs", „Frauen & Kinder" und „Sterbende" sauber in unterschiedlichen Internetauftritten. Es ist unvorstellbar, diese unterschiedlichen Menschen mit den ganz anderen Wünschen mit denselben

Texten und Bildwelten zu erreichen. Das Thema Abschiedsfilm verschreckt gesunde Menschen sehr und muss sauber getrennt aufgeführt werden.

TANJA: Im Kapitel „Positionierung im Wandel" stellen wir Ihnen noch einen spannenden „roten Faden" vor. Vorher widmen wir uns aber den „Patchworkdecken".

5.4 Die Patchworkdecken-Positionierung

Tanja: Die Exoten unter den Positionierungs-Arten, die „Patchworkdecken", haben wir Ihnen ja schon kurz vorgestellt. Die Persönlichkeit des Betreffenden bildet hier den schlüssigen Rahmen für unterschiedlichste Aktivitäten. Es gibt gute Gründe, weshalb sich so mancher Coach oder Trainer bewusst für diese Form der Positionierung entscheidet:

Vorteile:

- Sie können sehr viele Facetten Ihrer Persönlichkeit zeigen.
- Sie streuen Ihr unternehmerisches Risiko.
- Es wird Ihnen bei der Arbeit bestimmt nie langweilig. ☺
- Ihre Zielgruppe ist sehr groß, da diese sich teilweise aufaddieren.
- Sie können für jede gezeigte Facette viele unterschiedliche Marketingideen umsetzen.
- Organisch gewachsene Bereiche lassen sich mit Köpfchen unter einen Hut bringen.

5.4.1 Praxisbeispiele für Patchworkdecken-Positionierungen

Ruth: Eine der größten Herausforderung ist hier das Thema Glaubwürdigkeit! Wenn Sie beruflich fast alles zeigen, was Sie können, ist das für viele Menschen nur schwer zu glauben. Da hilft es sehr, wenn Sie jeweils passende „Beweise" liefern können.

Tanja: Super gelöst hat dies eines unserer schönsten Praxisbeispiele: Ina Rudolph arbeitet nicht nur als Coach, Trainerin, Schauspielerin, Illustratorin und Autorin, hält kulinarische Lesungen – nein, sie ist auch ein gefragtes Fotomodell …

5.4.1.1 Ina Rudolph

	Ina Rudolph

Patchworkdecken-Element 1:	Coach & Trainerin – Schwerpunkt: „The Work" (Byron Katie)
Patchworkdecken-Element 2:	Autorin (Fachbuch *und* Belletristik)
Patchworkdecken-Element 3:	Vor-Leserin kulinarischer Bücher
Patchworkdecken-Element 4:	Schauspielerin (Theater, Kino, Fernsehen)
Patchworkdecken-Element 5:	Fotomodell
Patchworkdecken-Element 6:	Postkarten-Illustratorin
Website:	↗ http://inarudolph.de

TANJA: Ina kontaktierte uns in ihrer Rolle als Coach, nachdem sie unser erstes Buch gelesen hatte. Sie sah für sich das Dilemma, viele einzelne Bereiche bewerben zu müssen und dass es ihr an Stringenz mangelte. Das äußerte sich in einem Außenauftritt, den sie als zu „zerfasert" ansah.

RUTH: Uns war ehrlich gesagt gar nicht klar, wen wir da am Telefon hatten. Ich habe kein Fernsehen und kannte Ina nicht als Schauspielerin. Uns kam nur das Gesicht im Skype-Fenster merkwürdig bekannt vor.

TANJA: Ja, Ina ist das Chamäleon unter unseren Kunden. Sie kann in den unterschiedlichsten Situationen, Settings und Berufen eine – im wahrsten Sinne des Wortes – gute Figur machen. Im ersten Moment würde niemand auf die Idee kommen, dass beispielsweise ein guter Coach vielleicht auch eine erfolgreiche Schauspielerin sein könnte.

Wir sind sehr froh, dass wir Ina mit ein paar Impulsen unterstützen konnten. Ihr Internetauftritt zeigt das Ergebnis: Nichts ist zerfasert, nichts wurde ausgelassen – Ina ganz authentisch, mit allen Talenten:

Tanja: In der Navigation sieht man sofort, was sie alles macht, und kann gezielt den gewünschten Punkt ansteuern. Während ich über sie schreibe, verliere ich mich fast in ihrem gehaltvollen Auftritt … Ich klicke auf die Kategorie „Ina Rudolph spielt" und sitze ganz gebannt vor den Demoaufnahmen, hier Showreel genannt. Dort zeigt Ina ihre Arbeitsproben als Schauspielerin. Sie spielt so glaubwürdig und zieht mich direkt in ihren Bann, egal ob ich Sequenzen aus „SOKO Wismar", „Alarm für Cobra 11" oder auch „Unser Kindermädchen ist ein Millionär" sehe. Unvorstellbar, wie viele verschiedene Facetten sie allein als Schauspielerin hat! Wer Lust hat, kann sich selbst von ihrer Arbeit überzeugen: ↗ http://inarudolph.de/spielt-video. Die lange Liste ihrer Filmografie zeigt auf alle Fälle: Sie war eine äußerst gefragte Schauspielerin, bis sie ihren Schwerpunkt mehr auf die Coaching-Arbeit verlagerte.

Ruth: Und das ist genau der Punkt: Wer wie Ina viele Seiten seiner Persönlichkeit auf einer Präsenz im Internet zeigen möchte, fährt gut damit, Arbeitsproben zu liefern. Ina hat es durch die Art der Navigation und die glaubwürdigen Inhalte geschafft, dass man ihr jeden Ausschnitt ihrer „Patchworkdecke" zutraut.

Tanja: Ich klicke auf „Fotos" und ein einziges Foto würde reichen, den größten Zweifler davon zu überzeugen, dass sie tatsächlich als Fotomodell arbeitet:

Wie man an der Zeitleiste ihrer Fotoauswahl sehen kann, arbeitet Ina schon lange in dieser Branche. Sie wurde mit 18 Jahren von Sybille Bergmann entdeckt und hat seitdem mit dem Modeln nicht mehr aufgehört. Ina zeigt sämtliche Bilder und erreicht damit auf meinem ganz persönlichen, gerade von mir ins Leben gerufenen Glaubwürdigkeitsindex[13] 1.000 Punkte!

RUTH: Und so sympathisch! Für mich als Leseratte darf dieses Beispiel nicht ohne den Hinweis auf Inas Bücher enden. Mein Favorit ist der „Sommerkuss"!

TANJA: Für Coachs sind natürlich die Fachbücher über „The Work" (siehe Literaturtipps) besonders spannend. Aber man kann ja nicht immer nur Fachbücher lesen …

RUTH: Tanja! Das wird ein Eigentor! Bevor Sie jetzt zu einem der vielen tollen Bücher greifen, lesen Sie bitte erst noch ein paar Seiten in diesem weiter ☺.

TANJA: Hier ein Blick auf Inas ganz persönliche Aktivitäten-Patchworkdecke:

---

13 Diesen Index haben wir gerade erfunden. Aber vielleicht sollte er wirklich einmal eingeführt werden ☺?

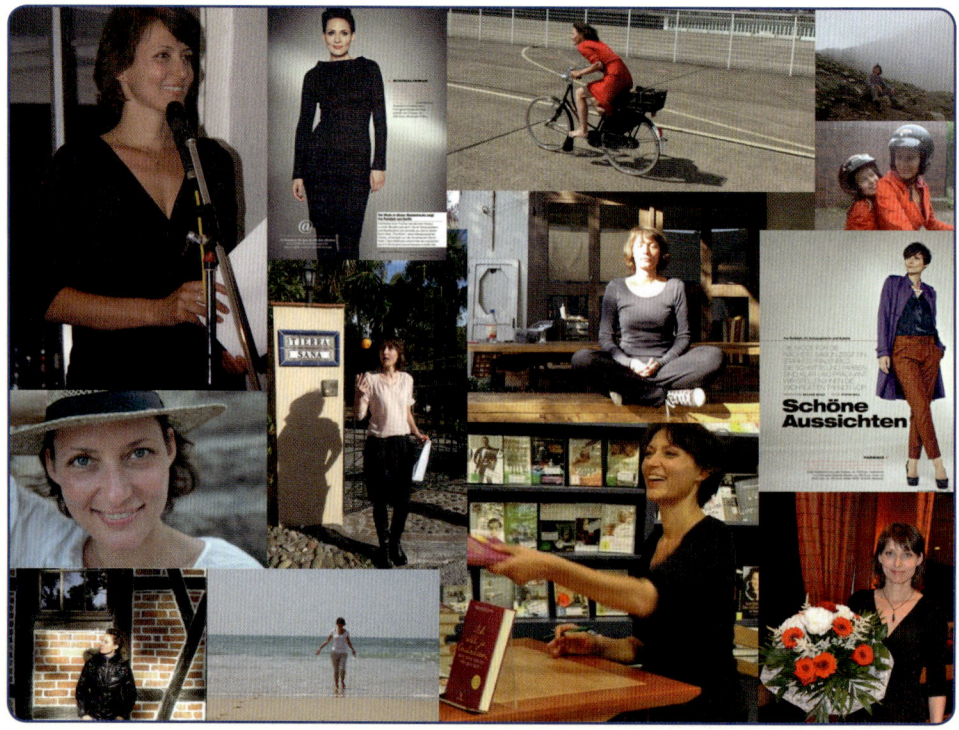

Ina erkennt bei sich übrigens auch eine Roter-Faden-Positionierung: Geschichten sind es, die sie schreibt, spielt, via Posen als Modell erzählt und als Coach bearbeitet. Aber weil dies nicht das zentrale Thema in ihrem Marketing ist, bleibt sie in ihrer Positionierung für die Kunden eher eine vielseitig begabte, schillernd bunte Patchworkdecke.

Ruth: „Ja die Ina, die hat's leicht! In einem einzigen Internetauftritt kann sie so gut zeigen, was sie kann. Bei mir geht das nicht so leicht", könnte jetzt so mancher Leser sagen. Wir sind davon überzeugt, dass es auch für Sie eine kreative Lösung gibt. Zudem sei erwähnt, dass Ina nicht in jedem Werbemittel alle Facetten aufführt. Niemand ist gezwungen, alle Elemente seiner Patchworkdecke in einem Internetauftritt zu zeigen. Unser nächstes Beispiel zeigt, wie es auch anders gelingen kann.

Tanja: … und wie es dennoch eine nie endende Aufgabe bleibt.

5.4.1.2 Win Silvester

	Win Silvester
Patchworkdecken-Element 1: Fitness:	**Q-Fitness Academy:** ■ Ausbildungsleiter für Fitness- und Gesundheitstrainer, Personal Trainer und Medical Fitness Coachs, Active-Aging-Trainer ■ Personal Trainer: Verbindung von mentalem und rein physischem Training
Patchworkdecken-Element 2: Gesundheit	**Master of Arts (M.A.) Gesundheitsmanagement und Gesundheitstrainer:** betriebliche Gesundheitsförderung durch Vorträge, Seminare und Führungskräfteschulungen **Speaker und Trainer zum Thema Firmenfitness und Betriebliche Gesundheitsförderung:** Vorträge rund um die Themen Gesundheit, psychische Fitness und Potenzialentwicklung **Dozent bei der IHK** für den Yogagesundheits-Coach im Fach Betriebswirtschaftliches Know-how **Ausbilder für den Lehrgang „Ausbildereignungsverordnung (AEVO)"** zur Prüfungsvorbereitung vor den IHKs **Mitglied im Prüfungsausschuss der IHK** Bonn und Hanau
Patchworkdecken-Element 3: Coaching	**Mental-Coach mit den Schwerpunkten:** ■ Gesundheitscoaching ■ Kinder- und Jugendcoaching ■ Mental- und Athletikcoach der Jugendpaare des Bundeskaders im Deutschen Tanzsportverband (DTV)

Patchworkdecken-Element 4: Ayurveda	**Ayurveda** ■ **Medizinischer Ayurvedaspezialist** (Studium an der Europäische Akademie für Ayurveda) ■ **Vorstandsmitglied im VEAT** (Verband Europäischer Ayurvedamediziner und Therapeuten) **Europäische Akademie für Ayurveda (EAA):** ■ **Übersetzer / Dolmetscher** für indische Referenten ■ **Referent** im Bereich Betriebliche Gesundheitsförderung und Existenzgründung
Websites:	↗ http://win-silvester.de ↗ http://www.auszeit-wochenende.de ↗ http://q-fitness.de

TANJA: Win ist für mich ein geschätzter Coach-Kollege mit unglaublich vielen und höchst unterschiedlichen Talenten. Auf *ein* Kompliment kann er aber liebend gerne verzichten. Immer wieder hört er: „Mensch, Sie sprechen aber gut Deutsch." Da er in Bonn geboren und aufgewachsen ist, ist Deutsch seine Muttersprache. Seine Eltern kamen in den 1970er-Jahren von Indien nach Deutschland. Wir wollten von Win wissen, wie es zu dieser breit aufgestellten Professionalisierung kam, und haben ihn gemeinsam interviewt.

TANJA: Win, du bist für mich der bescheidenste und gleichzeitig der vielseitig begabteste Mensch, den ich kenne: Früher hast du lateinamerikanische Turniere getanzt und als Athletikcoach für den Bundestrainer in Ballroomdancing gearbeitet. Du hältst Vorträge zu Themen wie „Umgang mit Enttäuschung, Misserfolg und mangelnder Wertschätzung", aber auch zum Thema „Gesunde Gelenke". Du bist Vorstandsmitglied im Ayurveda-Verband und hast als Mental-Trainer des Deutschen Tanzsportverbandes die Jugendpaare für internationale Turniere psychisch vorbereitet. Darüber hinaus arbeitest du als Coach mit Kindern an deren Prüfungsängsten oder mit Erwachsenen zum Thema „Präsentation". Und du bist sozial engagiert: Mit dem Zwei-Tages-Event „Let's move for Nepal" sammelst du Spenden für die Menschen, die durch das Erdbeben im Frühjahr 2015 betroffen sind. Allein mit der Q-Fitness Academy bietest du mit den verschiedenen Ausbildungen fast schon eine eigene Patchworkdecke an:

Personal Trainer

Fitness- & Gesundheitstrainer

Groupfitness Instructor

Outdoor Fitness Pädagoge

Medical Fitness Coach

Betr. Gesundheitsmanagement

Auch wenn man dich selbst hier nur einmal im Bild (unten rechts) sieht, so bist du doch bei allen Ausbildungen einer der Referenten. Da frage ich mich: Wann schläfst du überhaupt noch und wie kam es dazu, dass du so viele unterschiedliche Dinge auf professionellem Niveau gelernt hast und die meisten davon auch noch beruflich nutzt?

WIN SILVESTER: So, wie du es sagst, sieht es echt nach viel aus, aber du musst ja auch den zeitlichen Verlauf sehen. Ich habe nicht alle Ausbildungen und Tätigkeiten zeitgleich gemacht. Aber es stimmt schon: Langweilig wird es mir nie …

Und wie es dazu kam? Es gibt da so ein schönes Sprichwort: „Wer am Rand steht, hat es manchmal leichter, über den Tellerrand zu schauen." Wer anders ist oder zumindest anders aussieht, entwickelt in der Kommunikation vielleicht ein feineres Gespür für unausgesprochene Werte und Normen, nonverbale Signale oder unbewusste Konditionierungen bei sich selbst und anderen. Mein Anders-Sein und Anders-Denken in vielen Lebensbereichen führte auch zu einer intensiven Auseinandersetzung mit mir selbst: Wer bin ich? Was macht mich aus? Wo gehöre ich hin? Auf der Suche nach Antworten habe ich mich mit vielen verschiedenen Themen beschäftigt.

RUTH: Aufgrund deiner Vielseitigkeit sehen wir dich als Patchworkdecken-Positionierung. Mich würde brennend interessieren, ob du dich selbst als positioniert empfindest. Oder „schwimmst" du manchmal in den vielen Angeboten?

WIN SILVESTER: Nein, ich empfinde mich nicht als positioniert. Es wird in den letzten Jahren etwas klarer, dass es insgesamt immer um Gesundheit und Wohlbefinden geht, wozu ich auch Persönlichkeitsentwicklung und Potenzialentfaltung zähle. Denn das sind aus meiner Coachingerfahrung die Dinge, die Menschen krank machen:

- in einem Job zu arbeiten, der die eigenen Talente und Fähigkeiten nicht ausschöpft
- mangelnde Wertschätzung (soziale Dimension der Gesundheit)

Ich bin immer wieder dabei, Altes abzustoßen und mich neu aufzustellen. Ich genieße es allerdings, immer das machen zu können, wozu ich gerade Lust habe, bzw. damit Geld zu verdienen. Ich schwimme weniger in den Angeboten, sondern in den vielen unterschiedlichen Aufträgen von außen: Da fällt es mir schwer, Dinge abzulehnen, die nicht (mehr) auf meinem Weg liegen. Lust, Chemie und Geld sind die Kriterien. Wenn ich es mir leisten kann, übernehme ich mehr ehrenamtliche oder weniger gut bezahlte Jobs, die mir aber viel Spaß machen – und umgekehrt genauso. Wobei ich aber nicht gegen meinen inneren Kompass arbeite. Ich bin selbstständig und damit sehr glücklich. Ich bin nicht käuflich! Wenn etwas lukrativ ist, aber nicht zu mir passt, lehne ich es ab.

RUTH: Du suchst und baust dir also gezielt ein Umfeld, in dem du dich pudelwohl fühlst?

WIN SILVESTER: Das ist sehr richtig: Deine Ziele bestimmen deinen Weg und damit dein Umfeld. Wenn du offen bist, ergeben sich die richtigen Kontakte und Chancen. Es erfordert aber immer auch das eigene aktive Handeln: das TUN.

TANJA: Das zeichnet ja den Selbstständigen ohnehin aus. Was war für dich einer der wichtigsten Schritte zum Erfolg?

WIN SILVESTER: Die Basis für beruflichen Erfolg ist neben der fachlichen Qualifikation immer auch Persönlichkeitsentwicklung. Dabei haben mir sehr die Systemischen Coachings bei dir geholfen. Durch diese Arbeit konnte ich blockierende Glaubenssätze zu den Themen Geld („Geld ist nicht wichtig"), Selbstwert und Selbstbewusstsein sowie zu systemischen Verstrickungen gezielt aufspüren und vor allem auflösen. Der Erfolg machte sich direkt bemerkbar.

TANJA: Das freut mich sehr! Du hast vollkommen recht: Nur fachlich gut zu sein und zu wissen, welche Positionierung man wählt, reicht nicht! Bei 90 % unserer Kunden ist der Weg zum Erfolg noch durch kleine oder manchmal auch größere Blockaden versperrt. Deshalb ist uns Kapitel 4 auch so wichtig.

An deinem Beispiel können wir zwei Dinge sehr schön zeigen:

1. Nicht alle Aktivitäten und Talente müssen im selben Internetauftritt sichtbar sein. Du hast (Stand heute: 11.10.15) drei verschiedene eigene Auftritte und wirst noch an vielen weiteren Stellen im Netz als Dozent, Trainer oder Vorstand genannt.
2. Wer als typische „Patchworkdecke" so viele unterschiedliche Angebote macht, muss entweder für sein Marketing eine saubere Darstellung hinbekommen und in deinem Fall zum Beispiel die Internetauftritte etwas „ausmisten". Oder er muss akzeptieren, dass er eigentlich – wie du so schön sagst – „gar nicht positioniert" ist, und deshalb den notwendigen Positionierungsprozess sauber durchlaufen.

RUTH: Wie gut, dass wir allen vorgestellten Coachs das Buch schenken ☺. Als Patchworkdecke – so viel sollte deutlich geworden sein – gibt es einiges, das man im Blick haben muss. Im übertragenen Sinne ist das so etwas wie „Flöhehüten", denn jedes Talent möchte sich im Außenauftritt zeigen und braucht Pflege.

5.4.2 Watch-List für Patchworkdecken: Worauf müssen Sie ein Auge haben?

TANJA: Wie Sie sehen konnten, gibt es für die „Patchworkdecken" eine Menge zu tun:

Falls Sie alle Ihre unterschiedlichen Facetten auf einmal zeigen wollen:

■ Fragen Sie sich selbst und ruhig auch mal Menschen, die Sie noch nicht kennen: „Sind die aufgezeigten Nachweise für meine verschiedenen Kompetenzen und Talente glaubwürdig?"
■ Überprüfen Sie regelmäßig, ob Ihre aufgezeigten Nachweise noch zu Ihren Kompetenzen und Talenten passen. Würde es beispielsweise wirklich Sinn machen, über Sie zu lesen, dass Sie im Alter von neun Jahren einmal als Ballerina aufgetreten sind?
■ Überprüfen Sie gut, welche Facetten Sie in Ihrem Angebot zusammen zeigen. Zur Verdeutlichung ein drastisches Beispiel: Wenn Sie als Zielgruppe vegan lebende Menschen haben, ist es nicht hilfreich, Ihre Erfolge als Angler oder Jäger zu zeigen ☺.
■ Nehmen Sie sich ansonsten die Freiheit, die Facetten zu zeigen, die Ihnen wichtig sind.
■ Diese Art der Positionierung birgt das größte „Neidpotenzial". Leider oft verbunden mit verbalen Angriffen oder übler Nachrede. Dazu passt ein schönes Zitat von Ingrid van Bergen: „Wer hinter meinem Rücken redet, spricht mit meinem

Arsch." Das mag ein wenig derb sein, aber es ist auch nicht immer schön, schlechtes Gerede zu ertragen, nur weil andere Menschen das Gefühl haben, dass sie (vermeintlich!) weniger Talente haben und ihren Selbstwertverlust auf diese Art abwehren wollen. Patchworkdecken-Positionierte müssen deshalb mental besonders stark sein und sich gegen äußere Anfeindung immunisieren. Zum Glück kennt jeder Coach dafür gute Techniken. Oder er kennt geeignete Kollegen, um sich dabei helfen zu lassen.

Falls Sie Ihre Facetten getrennt in den Werbemitteln aufzeigen wollen:

- Prüfen Sie regelmäßig, welche Facetten Ihrer Persönlichkeit wo gefunden werden. Wenn ich Ihren Namen in eine Suchmaschine eingebe: Welcher Internetauftritt erscheint zuerst? Finde ich im Biomarkt Ihren Flyer für das schamanische Trommeln und etwas weiter links einen anderen Flyer mit Ihrem Schwerpunkt als Life-Coach für Berufswiedereinsteiger im Bankenwesen? Je nachdem, wie unterschiedlich Ihre Zielgruppen und Themen sind, macht es Sinn, die Distanz – im wahrsten Sinne des Wortes – zu vergrößern.
- Mit Ihrem Marketing können Sie bei Ihrer Vielfalt leicht ins Schleudern geraten. Deshalb ist hier zum einen Köpfchen gefragt, wie sich das alles unter einen oder mehrere bezahlbare Hüte bringen lässt, und zum andern müssen Sie das alles auch noch zeitlich managen.
- Überlegen Sie gut, welche Facette Sie beim ersten Small Talk zeigen wollen. Je nach Mensch oder Umgebung ist mal die eine und mal auch die andere Ihrer Seiten spannender.

5.5 Ein kurzes Fazit über alle Positionierungsarten

RUTH: Dieses Kapitel ist wirklich sehr lang! Damit Sie trotzdem den Überblick behalten, möchten wir für Sie die wichtigsten Erfolgsstrategien der jeweiligen Positionierungsart kurz zusammenfassen:

- Wenn es Ihnen gelingt, eine saubere **Stecknadel-Positionierung** zu finden, mit der Sie sich zu 100 % wohlfühlen, sollten Sie diese Positionierung unbedingt den anderen Arten vorziehen. Langfristig ist hier der glaubwürdigste Expertenstatus möglich und somit auch eine gute Chance, von Ihrem Traumjob zu leben. Und das mit dem geringsten Marketingaufwand!
- Wenn Sie sich wirklich nicht zwischen zwei verschiedenen Schwerpunkten entscheiden können und Ihr Risiko streuen wollen, ist die **Stricknadel-Positionierung** das Mittel der Wahl. Entscheiden Sie weise, ob Sie diese beiden gemeinsam präsentieren wollen, und wenn ja, wie Sie es tun. Manchmal kann es Sinn machen, beide Schwerpunkte im Marketing getrennt zu adressieren.
- Sollten Sie eher der Typ **„Roter Faden"** sein, entscheiden Sie bitte ganz bewusst, ob Sie diesen Faden Ihren Kunden klar aufzeigen wollen. Wie in Tanjas Beispiel können Sie ihn natürlich eher transparent halten, müssen dann aber im Interesse Ihrer Glaubwürdigkeit die verschiedenen Inhalte sauber in Ihrem Marketing trennen. Das erhöht den Marketingaufwand und die Kosten deutlich.
- Für alle Multitalente, die ihre Vielfalt auch in ihrem Berufsleben ausleben wollen, bleibt die **Patchworkdecken-Positionierung** das Mittel der Wahl. Auch hier haben Sie wieder die Entscheidung zwischen „alles zeigen" oder geschickt verschiedene Auftritte für Ihre Facetten wählen. Bei beiden Wegen müssen Sie in Kauf nehmen, dass Sie im Interesse Ihrer Glaubwürdigkeit hier den wahrscheinlich höchsten Marketingaufwand betreiben bzw. die verschiedenen Werbemittel pflegen müssen.

Und lieber Leser, liebe Leserin, welche Positionierungsform soll nun Ihr „Herzblatt"[14] sein? Als Marketingexpertin kann ich mit gutem Gefühl zur Steck- oder Stricknadel-Positionierung raten. Selbst wenn Tanja darauf besteht, dass es für Coachs und Trainer auch die anderen beiden Arten geben muss.

TANJA: Vielen Dank Ruth, dass du trotzdem meinen Weg mitgegangen bist. Jetzt noch eine gute Nachricht zum Schluss des Kapitels: Natürlich macht es Sinn, seiner gewählten Positionierung lange Zeit treu zu bleiben. Aber es ist wie in einer Ehe: Wenn es trotz der Arbeit an sich selbst[15] und der „Paartherapie" (was in diesem Fall die Marketingberatung wäre) nicht geklappt hat, darf man auch neue Wege gehen

---

14 Erinnern Sie sich noch an die Flirtshow mit Rudi Carrell, die von 1987–2005 ausgestrahlt wurde?

15 In diesem Falle müssen ausnahmsweise nicht beide Partner an sich arbeiten ☺.

und sich vom Alten trennen. Aus welchen Gründen dies manchmal erforderlich ist und wie man es bestmöglich löst, zeigt uns gleich mein geschätzter Kollege Martin Weiss im nächsten Kapitel.

6. | Positionierung im Wandel

TANJA: Viele Coachs scheuen sich vor einer Positionierung, weil sie glauben, dass diese dann für alle Zeiten in Stein gemeißelt ist. Aber wer sich für das alte Ägypten interessiert, weiß, dass auch Dinge, die in Stein gemeißelt wurden, sich nachträglich ändern können – ob es der Name des jeweiligen Pharao ist oder die Ausrichtung als Coach!

RUTH: Schließlich kann man alte Flyer wegwerfen, neue Visitenkarten drucken lassen und seine Webpräsenz ändern. Dies können wir am Beispiel von Martin Weiss sehr schön zeigen. Er hat sich mutig auf neues Terrain gewagt, und der Erfolg gibt ihm recht.

6.1 Praxisbeispiel: Martin Weiss

	Martin Weiss (Gütersloh)
Vorher: Stricknadel-Positionierung:	Trainer, Coach und Autor für Produktivität und Berufung
Zielgruppe:	Firmen, Hausfrauen, Existenzgründer, Freelancer
Websites:	↗ http://www.coach-your-self.tv ↗ http://www.trainer.camp
Jetzt: Stricknadel-Positionierung:	Trainer und Autor für die Begleitung des „Big Shift": von Angst zu Liebe
Zielgruppe:	Alle Menschen, die Unterstützung bei der Umsetzung des BigShift benötigen
Websites:	↗ http://bigshift.live ↗ http://www.trainer.camp

TANJA: Martins Internetauftritt ↗ http://www.coach-your-self.tv ist mir 2009 zum ersten Mal begegnet. Ich überlegte mir damals, wo ich meinen wingwave-Film außer in Youtube sinnvollerweise noch zeigen könnte. Sofort war ich von der Zusammenstellung seiner Filme und von seinen absolut ehrlichen Blog-Beiträgen begeistert. Umso überraschender kam für mich Martins Entschluss, diese Seite „an den Nagel zu hängen".

Ausnahmsweise erzählen wir seine Geschichte nicht chronologisch, sondern beginnen im „Hier und Jetzt" – ein Zustand, den Buddhisten als sehr erstrebenswert ansehen und den ich oft als schwer zu erreichen empfinde.

Geht man heute auf die Seite Coach-yourself.tv, findet man (Stand 20.10.15) so etwas wie eine „Todesanzeige":

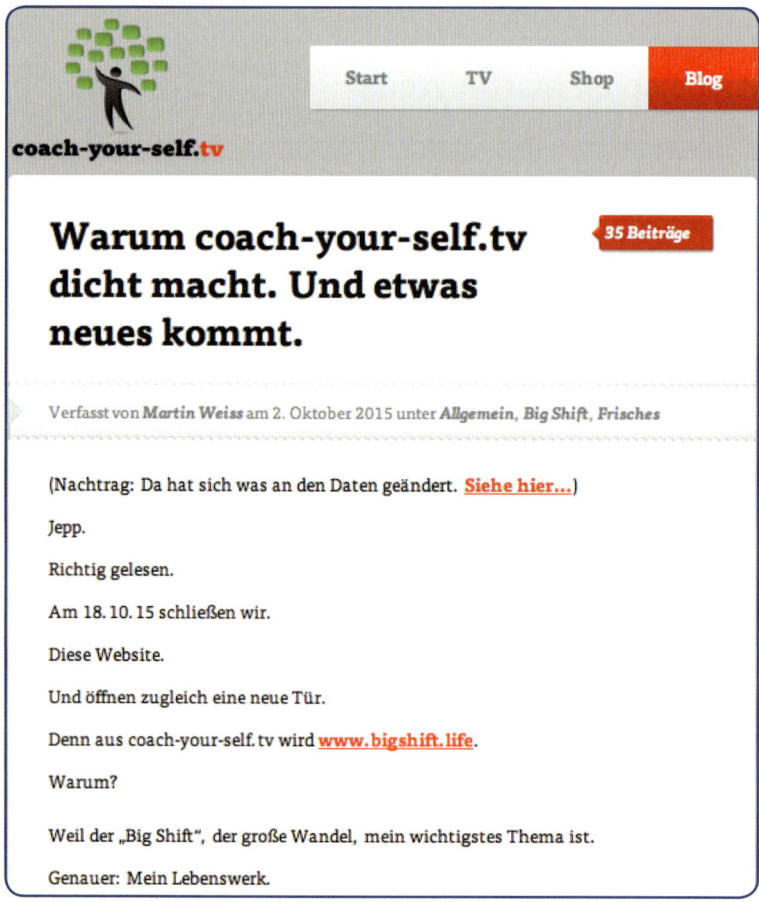

TANJA: So etwas liest man im Internet nur selten! Die folgenden Zeilen zeigen auszugsweise, wie Martin Weiss seinen Kunden diese Meldung erklärt und noch wichtiger, wo es für sie in Zukunft weitergeht:

> „Warum? Weil der ‚Big Shift‘, der große Wandel, mein wichtigstes Thema ist. Genauer: Mein Lebenswerk. Und falls Du Dich fragst, was sich dahinter verbirgt: Der Big Shift steht für die vermutlich wichtigste Veränderung in unser aller Leben. Den großen Wandel von Misstrauen zu Vertrauen. Von Konkurrenzdenken zu Vernetzung. Von Gegeneinander zu Miteinander. Von einem Ich-Denken zu einem Wir-Denken. Kurz: Von Angst zu Liebe.“

TANJA: Er erklärt anschließend, was er unter diesem Wandel versteht und was seine innere Motivation dabei ist:

> „Ich möchte dazu beitragen, dass wir uns leichter und einfacher von den alten Denkmustern der Sorgen, Zweifel, des Gegeneinanders befreien können, um den Big Shift, den großen Wandel zunächst auf einer persönlichen und beruflichen Ebene zu meistern.“

Ganz konsequent schließt er das Alte ab und begrüße das Neue: „www.bigshift.live“. In den abschließenden Sätzen zeigt sich einer der Erfolgsfaktoren seiner Arbeit. Er will mit seinen Lesern in Kontakt kommen, geht in den Dialog mit ihnen und bittet um Meinungen und Austausch.

Ich konnte mit Martin dazu sprechen und so herausfinden, wie es zu dieser mutigen Entwicklung kam.

MARTIN WEISS: Ausgangspunkt war eine Erfahrung, die mich bis ins Mark erschüttert hatte. 2009, als die Finanzkrise über den Globus wütete, verlor ich auf einen Schlag fast alle Aufträge. So stand ich plötzlich mit meiner Frau und meinen zwei Kindern mit dem Rücken zur Wand. In der Situation packte mich eine so tiefe existenzielle Angst, dass ich nicht wusste, wie ich damit umgehen sollte. Und das als erfahrener Trainer und Coach. Da ich die Angst partout nicht abschütteln konnte, begab ich mich auf die Suche nach Lösungen, interviewte unter anderem den Neurowissenschaftler Gerald Hüther und den Trendforscher Matthias Horx. Beide machten mir deutlich, dass Angst nicht nur auf einer persönlichen Ebene entsteht, sondern medial, kulturell und politisch geschürt wird. Ich erkannte, wie sehr wir in einer angstbasierten Gesellschaft und Kultur leben. Die Folgen erlebte ich jeden Tag bei den Teilnehmern und Klienten in meinen Coachings und Trainings: Selbstzweifel wie: „Ich bin nicht gut genug“ und Mangelgedanken wie: „Es ist nicht genug für alle da“ oder: „Das Leben ist ein Kampf“.

Interview mit Gerald Hüther

TANJA: Welche Wege hast du gefunden, das zu lösen?

MARTIN WEISS: Einen sehr wichtigen Baustein fand ich bei der Synaxon AG, dessen Vorstand Frank Roebers mich gebeten hatte, die Entwicklung eines Unternehmensleitbilds zu unterstützen. Ich kannte das Unternehmen von früher. Ein typisch angstbasiertes Unternehmen, das von Druck und Kontrolle getrieben war. Frank hatte dann als Vorstand eine 180-Grad-Wendung hingelegt. Er gab den Mitarbeitern die Chance, sich über eine offene Wiki-Plattform zu vernetzen und sich selbst zu führen. Ein Experiment, das gelang. Statt das neue Vertrauen schamlos auszunutzen, entwickelten die Mitarbeiter und Mitarbeiterinnen eine frappierend neue Unternehmenskultur des „Wir". Das ist in meinen Augen der Big Shift in der Wirtschaft. Vom Gegeneinander zum Miteinander.

TANJA: Du hast auch den amerikanischen Zen-Meister Genpo Roshi interviewt.

MARTIN WEISS: Ja, dabei erlebte ich so etwas wie eine „Instant-Erleuchtung". Er brachte mich während eines Interviews, das per Video aufgezeichnet wurde, mit etwas in Kontakt, das ich als „intuitive Intelligenz" oder „innere Stimme" bezeichne. In diesem Zustand verspürte ich keine Angst mehr, sondern eine tiefe innere Gelassenheit. Dieses eine Erlebnis hat meine gesamte Arbeit als Coach und Trainer radikal verändert. Denn ich begriff: Das ist der Schlüssel für den persönlichen Big Shift. Das bestätigte sich, als ich erlebte, was möglich wurde, als meine Coachees selbst einen Draht nach innen herstellen konnten. Das hatte zum Teil äußerst tief greifende Veränderungen zur Folge.

Tanja: Für mich ist es sehr erstaunlich, dass du so offen damit umgehst.

Martin Weiss: Diese Bereitschaft, mich so zu zeigen wie ich bin, ist für mich sehr wichtig. Ich muss nicht den großen Guru mimen, also eine Rolle spielen, die gar nicht meine wäre. Das nimmt eine Menge Stress aus meinem Leben. Und es sorgt interessanterweise dafür, dass die Teilnehmer für meine Worte offen sind.

Tanja: In deinem Blog-Beitrag[16] ist man live dabei, während du diese Erfahrung machst. Obwohl man nur das Gesicht von Genpo Roshi sieht, erkennt man an seiner Mimik und an deiner berührten Stimme, was dir da widerfährt. Ich hatte wirklich Gänsehaut! Spätestens seit ich diesen Film gesehen habe, verstehe ich, weshalb du diese Neupositionierung vornehmen musstest.

Martin Weiss: Wobei diese Neupositionierung für mich keineswegs einfach war, denn ich habe nichts mit der herkömmlichen Esoterik am Hut. Im Gegenteil: Ich finde, dass in der spirituellen Szene viel Nonsens gelehrt wird. Zum Beispiel wird der Verstand als eine Art Missetäter denunziert, der für das Unglück der Menschen verantwortlich sei – und den man am besten ausschalten sollte, um glücklich zu sein. Ich sehe es genau umgekehrt: Die intuitive Intelligenz und der Verstand brauchen einander. Die Intuition inspiriert, der Verstand plant, budgetiert und handelt.

Tanja: Deshalb bin ich auch Fan der Coachingmethode „Herzintelligenz". Da wird beides – Verstand und diese intuitive Intelligenz aus dem Herzen – kombiniert. Aber zurück zu dir: Wie bist du an deine neue Positionierung herangegangen?

Martin Weiss: Ich habe mir Zeit gelassen und erst einmal experimentiert, zum Beispiel kostenlose Webinare angeboten, um die Resonanz zu testen. Dabei ist mir auch schnell klar geworden, dass ich es mit einem ziemlich großen Kaliber zu tun habe: Beim Big Shift geht es nämlich nicht nur ums eigene Wohlbefinden. Der Big Shift findet ja auf allen Ebenen statt: Persönlichkeit, Wirtschaft, Politik, Kultur und Gesellschaft. In einigen Gebieten bin ich fit, namentlich Persönlichkeit und Business, aber auf anderen Gebieten, wie zum Beispiel der Politik, bin ich eher ein Laie.

Tanja: Ja, das ist ein ziemlich weiter Bogen, den du da spannst. Lass uns dazu konkret werden: Wer bitte schön ist deine Zielgruppe? Und worin besteht deine konkrete Positionierung?

Martin Weiss: Ich definiere meine Zielgruppe nicht nach Alter, Einkommen oder Schulbildung, sondern nach einer bestimmten Bedarfslage. Meine Zielgruppe sind Menschen, die von den alten Strukturen in ihrem eigenen Leben, aber auch in der Wirtschaft, der Politik, der Gesellschaft genug haben – und die bereit sind, Alterna-

---

16   ↗ https://bigshift.live/blog/schnelle-erleuchtung/

tiven zu schaffen. Also Menschen, die ihre Zeit nicht mit Klagereden wegen der aktuellen politischen, gesellschaftlichen und wirtschaftlichen Missstände vergeuden, sondern die, wie Frank von der Synaxon AG, angefangen haben, an ihrem Platz, da wo sie gerade in ihrem Leben stehen, den Big Shift umzusetzen. Die ihrem Herzen folgen, sich mit anderen vernetzen, voneinander lernen und kooperieren, und so reale, anfassbare Ergebnisse schaffen wollen. Mein Beitrag besteht darin, diesen Menschen strukturierte, machbare und leicht anzuwendende Methoden an die Hand zu geben, mit denen sie sich als Erstes aus den alten angstbasierten Denkmustern befreien können. Um dann im nächsten Schritt ihre intuitive Intelligenz zu erschließen und mit der Klarheit des Verstands zu integrieren. Ich bin davon überzeugt, dass wir nur mit diesen beiden Kräften zusammen die Änderungen schaffen, die unsere Welt heute so dringend braucht. Für diesen persönlichen Big Shift habe ich eine innovative Mischung aus Webinaren, persönlichem Support und interaktiven Werkzeugen wie dem 28-Tage-Transformer geschaffen.

Was können wir von Martins Erfahrungen lernen?

- Wenn du ein „totes Pferd" reitest, steig mit beiden Beinen ab – sonst bleibst du hängen und schaffst es nicht auf das neue Pferd! Und mit „tot" meine ich, nicht mehr mit dem ganzen Herzen dabei sein.
- Wenn dich die Angst packt, sehe ihr in die Augen! Martin hat durch die Gespräche mit Prof. Dr. Hüther wichtige Erkenntnisse für sein Leben und eine neue Form des Selbstcoachings erhalten.
- Wenn du etwas Neues machst, teste vorher, was der tatsächliche Bedarf deiner Zielgruppe ist! Martin startet dafür Zielgruppenumfragen und liest in passenden Foren.
- Fokussiere dich immer wieder aufs Neue auf das, was gerade dran ist!
- Ermögliche deinen Kunden ein kostenfreies Reinschnuppern. Wobei Ruth eher Fan eines preislich niedrigschwelligen Angebots ist.

TANJA: Kommen wir zum Happy Ending – Stand Oktober 2015 und hoffentlich auch über diesen Zeitpunkt hinaus! Deine Entscheidung, den Big Shift zu begleiten, scheint genau die richtige zu sein, denn der Erfolg gibt dir recht. Die erste Aktion war dein kostenfreies Angebot zum „Blind-Date mit dir selbst – die 7-Tage-Challenge", bei der ich auch mitgemacht habe. (Allerdings muss ich zugeben, dass mein Mann die Betreffzeile zunächst etwas irritierend fand … ☺). Da konnte ich live verfolgen, wie viele Menschen dabei sein wollten und welche Auswirkungen das auch auf die Technik hatte …

Martin Weiss: Ja, der Erfolg hat uns bzw. unsere Technik leider völlig überrannt. Über 5.000 Menschen wollten bei dieser Challenge dabei sein – eine große Herausforderung, auch an unsere Technologie, die wegen des hohen Besucherstroms durchaus mal die Grätsche machte. Zum Glück haben wir einen guten Work-Around gefunden. Aber nicht nur die Zahl war für mich ein Zeichen, dass dieser Weg richtig ist. Es waren vor allem die Reaktion der Teilnehmer: Da waren zum einen die vielen Mails, in denen Menschen von ihrem Leid schrieben: Liebeskummer, Einsamkeit, Ärger, Sorgen, Zweifel, Pessimismus – all das drang in tausend Stimmen durch die maschinellen Buchstaben des elektronischen Briefverkehrs. Aber nicht nur. Schon die ersten Übungen wirkten bei vielen Menschen Wunder. Teilnehmer berichteten von rapiden Durchbrüchen zu neuer Lebensfreude oder von einer Begeisterung, die sich ungehemmt Bahn brach; einem neu entdeckten Lebensmut.

Ruth: Wieder ein Beispiel dafür, dass großer Erfolg auch eine interessante Herausforderung sein kann. Da dieses Kapitel den „Wandel" zum Thema hat, sind wir auf Martins zweites Standbein, das Trainercamp, nicht explizit eingegangen. Hier bietet er Online-Trainigs für die Zielgruppe Trainer an, die zukünftig selbst auf diese Art ihre Trainings durchführen wollen.

Tanja: Ich finde dieses Angebot auch sehr interessant und empfehle allen interessierten Lesern einfach den Besuch der entsprechenden Website. Kommen wir nun von einer interessanten Transformation der Positionierung zu einem interessanten Transformations-Coach.

6.2 Praxisbeispiel: Dr. Ingolf Hoven

	Dr. Ingolf Hoven (Köln)
Stecknadel-Positionierung:	Transformations-Coach
Zielgruppe:	Männer und Frauen in Führungspositionen mit hohen Ansprüchen an *sich selbst,* in den Bereichen: Karriere, Familie und Partnerschaft
Website:	↗ http://www.ingolf-hoven.de

Neu: Die Stecknadel wurde zur Stricknadel. Neben der bisherigen Zielgruppe gibt es jetzt noch die Nadel 2:

Stricknadel-Positionierung mit der zusätzlichen Nadel 2	Transformations-Coach für die Wirtschaft
Neue Zielgruppe:	Teams und (männliche) Führungskräfte in Unternehmen (ab Mittelstand aufwärts), die erkennen, dass *in ihrem Unternehmen* Energie verpufft
Website:	↗ http://www.ingolf-hoven.de

RUTH: Ein wunderbares Beispiel dafür, dass Positionierung sich auch schnell wandeln kann, ist Dr. Ingolf Hoven. Ingolf habe ich im Sommer 2014 bei einem unserer Vorträge im Coaching-Café in Köln kennengelernt. Er hatte seinen Job als Direktor eines großen Energiekonzerns vor noch gar nicht so langer Zeit an den Nagel gehängt und gerade erst seine Coaching-Ausbildung abgeschlossen. Die erste Erkenntnis des Abends war, dass die Professionalität aus dem alten Job auch jetzt als Transformations-Coach Gestalt annehmen durfte. Er hatte tolle Räumlichkeiten gemietet, aber darüber hinaus …

INGOLF HOVEN: … war große Unklarheit. Ich habe einfach gemerkt, dass dieser Aspekt der Professionalisierung etwas ist, was ich bis dahin als Coach gar nicht im Blick hatte. Am Ende stand eben ein Produkt, ein Außenauftritt – und ich bin stolz darauf. Ich kann mich vollständig damit identifizieren. Das bin ich, das mache ich. Ein Resultat, eine Haltung, ich habe eine Klarheit, ich stehe da zu mir und zu dem, was ich mache. Und das kann ich auch ausstrahlen.

RUTH: „Beruf, Partnerschaft, Familie – in diesem selbst geschaffenen Bermuda-Dreieck kann das ICH selbst verschwinden." Ich finde den Text auf deiner Website einfach großartig.

RUTH: Ich finde, hier merkt man, dass du weißt, wovon du sprichst bzw. schreibst. Du bist ein absolutes „Kind der Wirtschaft" und wolltest auch durch deine Privat-kunden diesem Teil von dir verbunden bleiben. Ich kann mich erinnern, dass nach einer Weile dich die Unternehmen und Konzerne selbst als Zielgruppe „gekitzelt" haben, um eben auch dort Dinge zum Positiven zu bewegen. Aber du meintest da-mals, das hätte noch Zeit … Was hat sich in der Zwischenzeit getan?

INGOLF HOVEN: Da muss ich ein wenig ausholen: Ich bin überzeugt, dass es das Phänomen der Resonanz gibt, dass man etwas aussendet. Klar, das sendest du aus über eine Website, über Gedanken und so fort. Was ich ausgesandt habe war: Ich möchte vor allem mit Männern arbeiten, denn hier besteht großer Nachholbedarf! Und das ist dann auch so eingetreten. Ganz am Anfang hatte ich zwar mehr Frauen als Männer, aber das hat sich geändert. Es waren dann zu drei Vierteln Männer. Das fand ich schon mal großartig.

Ich habe nach unserem Prozess noch die Ausbildung zum Transformations-Coach gemacht. Und das war für mich sehr wichtig. Zum einen, weil es für meine eigene Entwicklung noch mal Schlüssel gegeben hat, und zum anderen, dass ich über diesen Weg dahin gekommen bin: Ich möchte in Richtung Transformation der Wirtschaft gehen. Ich bin ja auch nicht aus dem Konzern rausgegangen, weil ich halb tot war, sondern weil meine Zeit dort zu Ende war. Ich konnte nicht mehr wirklich kreativ sein.

Und diese Chance zur Kreativität sehe ich jetzt wieder. Ich bin bereit, Unternehmen meine Dienstleistung anzubieten. Und das war am Anfang überhaupt nicht so. Da war ich durch „blood, sweat and tears" geprägt, da hatte ich von diesem Wahnsinn erst einmal die Nase voll. Ich glaube fest daran, dass in den Unternehmen eine ungeheure Energie verschwendet wird. Es gibt insbesondere in größeren Unternehmen massive Reibungsverluste, ebenso wie massiv nicht ausgeschöpfte Potenziale der Mitarbeiter. Was in diesem Bereich letztlich entsteht, weiß ich nicht, ich weiß nur, dass ich bislang nicht einmal in diese Richtung geschaut habe. Und dann äußere ich innerlich: Ich bin bereit, möchte da etwas leisten, wünsche mir das. Jetzt gibt es hier ein „Start frei", jetzt darf es wieder losgehen und ich möchte jetzt gerne, dass aus Richtung der Wirtschaft etwas kommt. Ich möchte das einladen und – da ist es wieder, das Resonanzprinzip: Die ersten Dinge in diese Richtung sind schon passiert. Ich merke jetzt: Das ist so ein Standbein, das sich über die Zeit so weiterentwickeln darf.

Was können wir zusätzlich von Ingolf Hovens Wandlung lernen?

a. Erfolg bzw. neue Kunden kommen schon ab dem Moment, in dem man innerlich klar ist! Dies passiert oft schon zu einem Zeitpunkt, an dem noch gar keine Werbemittel vorhanden sind.

b. Manchmal ist der Wandel keine Abkehr vom bisherigen Schwerpunkt, sondern eine Ergänzung. Ingolf erweiterte seine Positionierung von der Steck- zur Stricknadel.

RUTH: Ich möchte gerne das Kapitel mit einer kurzen Aufstellung der häufigsten Gründe für eine veränderte Positionierung abschließen. Denn neben diesen zwei Beispielen gibt es noch weitere Gründe, weshalb sich die Mühe lohnt bzw. eine Neupositionierung notwendig wird:

Die häufigsten Gründe für eine Neupositionierung bei Coachs & Trainern:

- Mit der bisherigen Positionierung läuft es nicht wie erwartet. Das mag am Marketing liegen, an inneren Hürden oder an Gegebenheiten am Markt. Sie sehen jedenfalls keine Chance, das zu ändern.
- Die Arbeit macht einfach keinen Spaß (mehr).
- Negative Lebensereignisse wie eine Scheidung oder ein Todesfall eines nahestehenden Menschen kalibrieren neu.
- Positive Lebensereignisse wie eine Eheschließung, die Geburt eines Kindes oder ein Studium-Abschluss verändern die Prioritäten.
- Spirituelle Erlebnisse (wie bei Martin Weiss) verändern die Sicht auf die Welt komplett.

TANJA: Der letztgenannte Punkt kommt häufiger vor, als man denkt, doch nur wenige trauen sich, so offen damit umzugehen.

RUTH: Kommen wir nun zum nächsten Kapitel und damit zu den Punkten, die Sie bei der Neupositionierung auf jeden Fall vermeiden sollten! Hier gibt es so manche ungeahnten Stolpersteine, um die wir Sie gerne herumführen wollen.

7. | Zehn wesentliche Positionierungs-fehler – und wie Sie sie vermeiden können

TANJA: An den Beispielen aus Kapitel 6 können Sie gut sehen, wie wandelbar das Thema Positionierung ist. Viele Coachs haben die Sorge, sich für alle Zeiten festlegen zu müssen, was zum Glück nicht der Fall ist. Dennoch sollte man eine Positionierung nicht nach allzu kurzer Zeit wieder aufgeben … Und das führt uns direkt zu den Dingen, die Sie bei Ihrer Positionierung vermeiden sollten. Wie würde es Dieter-Thomas Heck so schön sagen? „Hier ist der Schnelldurchlauf …"

Die Top-Ten der Fehler, die Sie vermeiden sollten:

1. Das eigene „Schmerzthema" als Positionierung auswählen
2. Eine Zielgruppe nur deshalb auswählen, weil man sie halt am besten kennt
3. Das Hobby zum Beruf machen
4. Tun, was alle machen
5. Zu schwammig bleiben
6. Zu spitz werden
7. Zu schnell aufgeben
8. Zu sehr auf andere hören
9. Einen Guru-Status anstreben
10. Nicht ins Handeln kommen

RUTH: Sehen wir uns einmal diese Punkte genauer an, denn sicherlich gibt es die eine oder andere Aussage, bei der Sie sich vielleicht fragen: „Weshalb ist es keine gute Idee, auf andere zu hören oder das Schmerzthema auszuwählen?"

7.1 Das eigene „Schmerzthema" als Positionierung auswählen

TANJA: Es liegt sehr nahe, ein durchgestandenes Thema für seine Positionierung zu wählen. Der Markt ist voll mit Burnout-Coachs, die am eigenen Leib erlebt haben, wie schnell sich Themen mithilfe von Therapie oder Coaching auflösen können. Diese gute Erfahrung wollen sie gerne weitergeben – und im klassischen Sinne kann dies eine authentische Positionierung sein. Der Coach versteht seine Zielgruppe optimal und kann zeigen, wie es sich anfühlt, das stressige Thema hinter sich zu lassen. Das ist sicherlich gut für seine Kunden …

RUTH: Aber ist es auch gut für den Coach? In unserem Marketingcoachings erleben wir immer wieder diese Situation. Nur weil Sie jetzt die Fähigkeit haben, zu diesem Thema zu arbeiten, heißt es nicht, dass Sie dies auch gerne tun. Zu tief sitzt oft noch der eigene Schmerz, selbst wenn er bereits bearbeitet wurde. Wir suchen die Positionierung, bei der Ihre Augen leuchten und bei der anstatt des Schmerzzentrums das Belohnungszentrum in Ihrem Gehirn anspringt und massenhaft Dopamin ausgeschüttet wird!

TANJA: Jahre oder Jahrzehnte später kann das Thema vielleicht besser passen oder eine Zuspitzung der Spezialisierung bedeuten. Aber mit „frischen Schmerzthemen" Geld verdienen zu wollen halte ich nicht nur für verfrüht, sondern auch für gefährlich. Für Sie – und für Ihre Klienten. Gönnen Sie sich lieber eine Positionierung, bei der Sie mehr Freude in Ihr Leben bringen.

RUTH: Natürlich gibt es auch Ausnahmen dieser Empfehlung: Wenn Sie wirklich – und damit meinen wir auch absolut wirklich - über Ihr Thema hinweg sind und Freude (und Sinn!) dabei empfinden, anderen Menschen dabei behilflich sein zu dürfen –, dann steht dieser Positionierung nichts im Wege.

7.2 Eine Zielgruppe nur auswählen, weil man diese halt am besten kennt

TANJA: Ach, das hat man mir am Anfang auch empfohlen: „Du warst doch 16 Jahre bei der Telekom. Da hast du so viele Kontakte … Oder coache doch generell Mitarbeiter von Großkonzernen." Meine sehr direkte Antwort – und ich möchte vorausschicken, dass ich auch eine Fortbildung zum Thema Provokatives Coaching absolviert habe: „Ja, könnte ich. Aber dann würde ich kotzen." Und zwar nicht etwa, weil ich die Menschen bei der Telekom nicht persönlich nett finde. Ich kann einfach nach 16 Jahren diese immer gleichen Themen nicht mehr hören. Diese Welt ist nicht mehr meine Welt. Und wenn ich es mir schon aussuchen kann …, dann such ich mir doch eine, die mich thematisch mehr interessiert. Einem Mitarbeiter zu helfen, seine Zielerreichung zu 110 % zu erreichen, finde ich nicht so spannend, wie eine Mutter bei der Verarbeitung des Geburtserlebnisses zu unterstützen. Wenn Sie einmal erlebt haben, dass Letzteres oft zu einer noch liebevolleren Mutter- und Kind-Bindung führt, verstehen Sie vielleicht, weshalb die Business-Idee keine Chance bei mir hatte. Und jetzt, wo Sie meinen roten Faden kennen, verstehen Sie meine bevorzugte Themenauswahl sicherlich noch besser.

RUTH: Diesen Fehler machen Coachs sehr oft. Scheint diese Positionierung doch so sicher. Hier ist man ja schon wer (gewesen!) und außerdem kennt man Land, Leute, Kultur etc. Trotzdem ist das nicht zwangsläufig eine gute Idee! Die meisten Coachs haben schon ein Berufsleben hinter sich oder arbeiten parallel zur Coaching-Ausbildung. Auf den ersten Blick mag es daher wirklich logisch sein, die Kontakte, angesammeltes Know-how und Branchenkenntnisse auch für den neuen Beruf als Coach oder Trainer zu nutzen. Nur: Hat Ihnen dieser Beruf so viel Freude bereitet, dass Sie unbedingt in das Umfeld zurück wollen? Wenn sie auf diese Frage ganz klar mit Ja antworten können, können wir ausnahmsweise diesen Positionierungswunsch unterstützen.

7.3 Das Hobby zum Beruf machen

RUTH: Wenn wir über eine Traum-Positionierung reden, dann liegt es so schön nahe, das liebste Hobby mit dem Beruf zu verbinden. Aber: Das geht in den seltensten Fällen (gut). Im schlimmsten Fall verleiden Sie sich das Hobby mit dem Beruf!

TANJA: Wenn Sie die Gelegenheit haben, Kunden anzuziehen, die Ihre Leidenschaft teilen, ist das fantastisch. Sie werden eine gemeinsame Wellenlänge haben und immer ein gemeinsames, schönes Thema. Allerdings habe ich schon mehrmals erlebt, dass auf die „Berufungssuche" mit diesem Fokus ein erschrockener Rückzug folgte.

Dazu ein echtes Beispiel aus meiner Arbeit: Eine Künstlerin überlegte, ihren Brotberuf als Lehrerin aufzugeben und zukünftig ausschließlich von den Verkäufen ihrer (wirklich schönen) Bilder zu leben. Im Gespräch merkte ich, dass es ihr gar nicht so leichtfiel, sich von ihren Ölgemälden zu trennen. Nachdem wir diese Positionierung als Malerin ganz konkret durchgespielt hatten und sie plötzlich spüren konnte, wie sich diese Situation anfühlte, kam sofort der Satz: „Nein, meine Bilder sind unverkäuflich!"

RUTH: Nicht für jeden Menschen ist es eine gute Idee, mit seinem Hobby Geld zu verdienen. Bei manchen wirkt es, als wollten sie diese Verknüpfung auf „Teufel komm raus" herstellen: Wander-Coachs, Trommel-Workshops und mitunter zweifelhafte Trainings aller Arten mit Tieren haben hier manchmal ihren Ursprung.

TANJA: Ruth, ich weiß genau, dass du schon mit Kunden gewandert bist. Und das ist eines deiner Hobbys!

RUTH: Erwischt! Ja, wenn es passt, ist das klasse. Und es war jeweils eine besondere Situation. Wir haben so das „Ende" des Positionierungs-Prozesses gefeiert. Das heißt, wir saßen vorher monatelang – also lange genug – am Schreibtisch und konnten uns so eine Auszeit gönnen.

TANJA: Hören Sie gut in sich hinein, ob Sie eines Ihrer Hobbys für Ihre Selbstständigkeit miss- bzw. gebrauchen wollen. Und machen Sie nicht die Grundlagen Ihrer Existenz vorschnell an diesem Haken fest.

RUTH: Auch hier gibt es – wie fast überall – Ausnahmen. Aber für eine solche Ausnahme sind meist zwei Bausteine nötig. Erstens herausragende Qualitäten im Bereich des Steckenpferdes und zweitens eine richtig gute Idee, wie Sie Ihr Hobby in Kombination mit Coaching oder Training verkaufen können. Sicherlich haben Sie bei unseren Praxisbeispielen einige interessante Anregungen bekommen können.

7.4 Tun, was alle machen

TANJA: Auf der Suche nach einer Positionierung nutzen viele Coachs und Trainer das Internet und schauen, was die ehemaligen Kollegen aus der Coach-Ausbildung so machen bzw. die Wettbewerber in der Region oder die Ausbilder selbst. Es gibt viele Stress-Präventions-Coachs … Also muss das doch einfach funktionieren, oder?

RUTH: Na, eben nicht. Vielmehr schreibt hier der eine vom anderen ab und gerade das, was alle machen, ist oft sehr wenig Erfolg versprechend. Und passt schon mal gar nicht zum eigenen Werdegang oder zum eigenen Traum-Berufsbild. Zwar werden Sie mit Ihrem Angebot kaum auf Widerstände treffen oder viel erklären müssen, da es „alle" machen, aber genau so werden Sie auch in der Masse untergehen.

Sie haben Besseres verdient! An dieser Stelle möchte ich an das Aldi-Prinzip erinnern, dass in den 1960er-Jahren den Aufbau der Discounterkette ermöglichte: Alles anders als alle anderen. Trauen Sie sich, so einzigartig zu sein wie Sie es sind. Das ist das beste Erfolgskonzept!

7.5 Zu schwammig bleiben

Tanja: Wenn Sie nicht in ein bis zwei Sätzen sagen können, wofür Sie als Coach stehen, dann fehlt die nötige Klarheit. Klarheit, die der Kunde unbedingt braucht. Wie soll er sonst wissen, dass er bei Ihnen gut aufgehoben ist? Und oft ist ja auch, was wir mitgeben können – und vorleben sollten –, die Konzentration auf das Wesentliche.

Ruth: Auch für den Coach oder Trainer ist es hilfreich, dass er für sich klar hat, was er anbietet – und was nicht. Seine Positionierung muss für ihn plausibel und stimmig sein. Sonst fällt es schwer, überhaupt eine Leistung zu verkaufen!

Immer wieder erleben wir: Ist die Klarheit erst einmal da, fällt die „Außendarstellung" im Gespräch auf der Party, unter Kollegen und auch in Fachgremien leicht.

Tanja: Dafür muss das Ganze aber wirklich knackig sein. Sie sind nur „erkennbar", wirken glaubwürdig und kompetent, wenn Sie auch Position beziehen. Das kostet Mut und bringt auch einiges an Arbeit mit sich. Erfahrungsgemäß ist der größte Teil des Marketingerfolges die Auflösung eigener Themen. In Kapitel 4 haben wir versucht, Sie hierbei etwas zu unterstützen. Bleiben Sie wenig griffig, wirken Sie wie ein nasser Stein: Statt bei Ihnen hängen zu bleiben, schliddert der Kunde über Sie zum nächsten Coach.

Ruth: Wenn ich keine Schwierigkeiten mehr damit habe zu sagen, für wen ich warum arbeite, und nicht mehr nach Worten suchen muss, dann kann ich wesentlich flexibler in dem sein, was ich erzähle. Was ist gerade das Spannendste an meinem Job? Könnten genau diese Punkte mein Gegenüber interessieren? Warum bin ich hier? Passt das zu meinem Thema? Und ohne explizit zu akquirieren, bin ich plötzlich sehr nah am Thema Akquise.

7.6 Zu spitz werden

TANJA: Ja, in Einzelfällen kann es sein, dass Sie eine Positionierung wählen, die tatsächlich zu spitz ist. Vielleicht ist die Thematik zu speziell oder die Zielgruppe tatsächlich zu klein. Das könnte zutreffen, falls Sie es sich in den Kopf gesetzt haben, für Ihre Positionierung die Zielgruppe „siamesische Zwillinge" zu wählen. Mit dieser Stecknadelspitzen-Positionierung würden Sie jeden anderen Coach ausstechen – und das vermutlich weltweit. Aber es gibt halt nur ein siamesisches Zwillingspaar auf eine Million Lebendgeburten. Und dann muss ja noch die Chemie stimmen und ein Anliegen vorhanden sein …

RUTH: Okay, das war jetzt ein ungewöhnliches Beispiel. Viel wahrscheinlicher ist es aber, dass nicht die Zielgruppengröße Sie am Erfolg hindert, sondern die wirklich solitäre Stellung als Coach auf einem Gebiet. Gar keine Konkurrenz kann nämlich auch ein schlechtes Zeichen sein! Dirk W. Eilert, der viele Coachs ausbildet, hat hierfür den wunderbaren Namen „Don Quijote" gefunden. Wenn Sie schon bei der Überlegung zu Ihrer Positionierung ahnen, dass Sie in einen Kampf gegen Windmühlen geraten, ist Vorsicht geboten. Wollen Sie nicht als traurige Gestalt enden, schauen Sie genau hin und seien Sie ehrlich zu sich. Gut möglich, dass Sie den richtigen Riecher haben und einfach etwas zu früh dran sind. Das Thema kann in ein, zwei Jahren genau das sein, was gesucht wird – und Sie können sich im Startblock derweil perfekt vorbereiten.

7.7 Zu schnell aufgeben

RUTH: Sie haben Ihre Website schon seit zwei Monaten online und aus der anvisierten Zielgruppe sind bisher nur drei Kunden zu Ihnen gekommen? Werfen Sie die Flinte nicht gleich ins Korn. Aus unserer Erfahrung dauert es mindestens ein bis zwei Jahre, bis die Praxis mit der Traum-Zielgruppe brummt. Konservative Schätzungen, ich darf hier auch wieder Dirk W. Eilert zitieren, gehen sogar von drei bis fünf Jahren aus.

TANJA: Stellen sich die gewünschten Erfolge nicht ganz so schnell ein, wird häufig die Startseite des Webauftritts angepackt, um eine Erweiterung der Zielgruppe zu erreichen, die ich eher als Aufweichung bezeichnen würde. Interessenten, die vielleicht kurz vor einer Kontaktaufnahme stehen, könnten durch solche Änderungen verwirrt und irritiert werden. Auch wenn die Kunden das in den wenigsten Fällen klar benennen können und sie bewusst gar nicht bemerkt haben, dass der Text Ihrer Startseite sich geändert hat, fehlen ihnen vermutlich Konsistenz und Verbindlichkeit.

In der Anfangszeit, bevor das Geschäft richtig anläuft, benötigt man zwei Dinge:
1. genügend finanzielle Ressourcen zum Durchhalten,
2. gute Freunde oder Branchenkenner, die immer wieder Mut machen, durchzuhalten. Ohne Ruth hätte ich schon viel zu oft meine Flinte ins Korn geworfen – und hinterher mühsam danach gesucht ☺.

7.8 Zu sehr auf andere hören

RUTH: Sich ganz klassisch von einem BWLer oder VWLer beraten zu lassen scheint ja nicht verkehrt: Wo ist die Nische? Was kann der Markt gebrauchen? Und dennoch: Ziehen Sie zunächst Ihr ganz eigenes Ding durch, nehmen Sie Ihre Zielgruppenwünsche ernst und schielen Sie nicht (zu früh) auf den Markt. Wenn es um konkrete Angebote, Marktdaten oder Marketing-Strategien geht, können Sie immer noch auf die Hilfe der Wirtschaftswissenschaftler zurückkommen – aber erst dann, wenn Sie wissen, was Ihnen wichtig ist, und Sie sich nicht mehr so ohne Weiteres davon abbringen lassen …

Aber auch viele andere Menschen werden – gefragt oder ungefragt – ihre Meinung zu Ihrer neuen Positionierung äußern. Wir empfehlen, Netzwerker, Familie, Freunde und Kollegen nur bedingt um Rat zu fragen. Neben der Sorge um Ihr Wohlergehen (und dem Neid der Kollegen) gibt es ein einziges, aber sehr gewichtiges Argument, das gegen dieses Feedback spricht. Egal wen Sie um Rat fragen: Stellen Sie sicher, dass er oder sie aus Ihrer Zielgruppe kommt oder wirklich ein Marketing-Profi ist. Alle anderen wissen nicht, wie Ihre Kunden ticken. Und damit wissen sie auch nicht, ob es Bedarf für Ihre Dienstleistung gibt und wie der Außenauftritt aussehen sollte. Wir sprechen in diesem Zusammenhang übrigens von der „Feedback-Falle".

TANJA: Mir ist das immer wieder passiert. Wirklich wohlmeinende Freunde sehen einen Film von mir auf YouTube oder ein neues Werbemittel, das ihnen gar nicht gefällt, und teilen mir dies mit – gut meinend und in der Regel diplomatisch. Meine Antwort fällt meist freundlich – aber nicht ganz so diplomatisch – aus: „Vielen Dank für deine Rückmeldung. Es ist gut, dass du das so siehst. Du bist überhaupt nicht meine Zielgruppe."

RUTH: Okay, das geht auch netter, aber immerhin ersparen Sie sich so unnötige Diskussionen – und noch schlimmer: eine unnötige Verunsicherung!

7.9 Einen Guru-Status anstreben

TANJA: In Indien steht das Wort Guru für „Lehrer" und hat damit eine andere Bedeutung als hier im Westen. Wir verstehen unter einem Guru eine Person, die sich sehr gerne von Kunden oder Seminarteilnehmern bewundern lässt. Eine Person, die so viel Autorität ausstrahlt, dass sie kaum mehr kritisches Feedback zu ihrer Arbeit erhält – oder eher: erhalten will … Eine Person, zu der man nicht mehr wegen der Inhalte geht, sondern um ihr selbst nahe zu sein.

RUTH: Vielleicht fällt Ihnen da die ein oder andere Person ein? So mancher Trainer strebt diesen Status gar nicht an und wird trotzdem von seinen Teilnehmern angehimmelt.

TANJA: Eigentlich muss ich nicht extra erwähnen, dass dieser Status schon aus ethischer Sicht nicht in Ordnung ist. In vielen Ethikrichtlinien von Coachingverbänden gibt es entsprechende Hinweise. Es darf nicht sein, dass ich für mein Ego die Bewunderung meiner Klienten oder Teilnehmer brauche. Dann „missbrauche" ich sie für meine Zwecke. Sobald Sie hier eine gewisse Tendenz bei sich sehen, rate ich Ihnen dringend, dieses Thema von einem guten Kollegen bearbeiten zu lassen. Sehr souverän löst dies zum Beispiel Klaus Grochowiak[17]. Sobald er merkt, dass „Groupies" anwesend sind, macht er sie auf die kindliche Projektion aufmerksam und bietet ihnen an, an dieser zu arbeiten. Es kommt jedoch vor, dass nicht jeder Teilnehmer diese Veränderungsbereitschaft hat. Dann bittet er freundlich darum, sein Seminar wieder zu verlassen, und gibt ihnen lieber das bereits bezahlte Geld zurück, als von diesem emotionalen Mangel zu profitieren.

---

17 Er arbeitet als Kommunikations- und Management-Coach und Buchautor und gründete die „Creative NLP Academy" (CNLPA).

7.10 Nicht ins Handeln kommen

Tanja: Die „letzte" Falle im wahrsten Sinne des Wortes: Sie haben viel Arbeit und noch mehr Herzblut in Ihre Positionierung und vielleicht sogar schon in Ihren Außenauftritt gesteckt und trotzdem kommen Sie nicht ins Handeln. Typische Zeichen: Sie verteilen keine Visitenkarten (oder haben nie welche dabei), antworten beiläufig, wenn Sie nach Ihrem Beruf gefragt werden, oder versuchen erst gar nicht, den ungeliebten Job zu kündigen, um Ihr Geld mit Ihrem Traumberuf zu verdienen.

Ruth: Kommen Sie, Ihre ganze Mühe kann doch nicht umsonst sein! Coachen und trainieren Sie, das ist es doch, was Sie wollen! Beseitigen Sie die letzten (mentalen) Hindernisse und halten Sie es wie Leonardo da Vinci, von dem die folgenden Worte stammen, die direkt in die Praxis führen: „Die Erfahrung wird deine Dienerin sein."

8. | „Fünf Köstlichkeiten" – ein Interview-Buffet mit Ausbildern, Medien-Stars, Trainern, Weltreisenden und Scannern

TANJA: Ruth mutierte für dieses Buch zum Trüffelschwein. Überall fand sie nützliche Anregungen und Erfolgsrezepte für unsere Leser. Dafür führten wir beide tagelang Interviews mit spannenden Menschen, die auch Spannendes zu berichten hatten.

RUTH: Ich wollte einfach zeigen, wie Positionierung sich auswirkt und dass Professionalisierung guttut. Aber ich gebe zu, ich hätte mit meinen Interviewpartnern Bücher füllen können.

TANJA: Das ist dir auch gelungen … In deinem Eifer hast du vieles gesammelt, das zwar interessant ist, aber auch mächtig zum Umfang des Buches beiträgt … Ich wollte schon radikal kürzen, als eine liebe Coach-Kollegin anrief, um nach dem Erscheinungstermin dieses Buches zu fragen. Da probierte ich gleich einen von Martins Erfolgsfaktoren (Kapitel 6) aus und befragte die Zielgruppe (also meine Anruferin Katja!), was sie denn lieber lesen würde – und siehe da: Sie wollte die Langversion und meinte: Falls es wen nicht interessiert, könne er es ja nur überfliegen und sich die Rosinen herauspicken. Und da dachten wir: Sie hat recht.

In diesem Sinne: Nehmen Sie vom „Interview-Buffet" so viel, wie Ihnen schmeckt. Viel Spaß beim Lesen der echten Praxiserfahrungen.

RUTH: Ich finde die Erfahrungen und Ideen unendlich wertvoll und darüber hinaus auch köstlich ☺.

8.1 Weltreisende und Auswanderin: ein Interview mit eWa Ferens

„Fragen Sie sich nicht, wo Ihre Kunden wohnen, sondern wo Sie wohnen wollen!"

	eWa Ferens (Batangas Area, Philippinen)
Sticknadel-Positionierung für „Nadel 1":	New-View-Coach: Coaching für Menschen, die für kürzere oder längere Zeit im Ausland leben und sich dabei beruflich und menschlich weiterentwickeln wollen
Zielgruppe:	Mitarbeiter von internationalen Firmen und Organisationen in Asien und Europa
Website:	↗ http://www.newviewcoaching.org
Sticknadel-Positionierung für „Nadel 2":	Interkulturelles Training
Zielgruppe:	Mitarbeiter von Firmen auf den Philippinnen
Website:	↗ https://www.linkedin.com/pub/ewa-ferens

TANJA: eWas[18] erste Mail brachte meine Tochter dazu, singend und hüpfend auf der Straße zu tanzen! Sie schrieb, sie sei von unserem Webinar ganz begeistert und ob wir uns vielleicht vorstellen könnten, vor Ort mit ihr zu arbeiten: auf einer kleinen, tropischen Insel. Das „innere Kind" in mir und meine Tochter daneben dachten im ersten Moment natürlich an einen schönen Urlaub auf den Philippinen – nach dem Abschluss des Marketing-Coachings. Verständlicherweise waren jedoch die Reisekosten bei diesem exklusiven Ziel nicht enthalten, sodass wir schweren Herzens den Termin auf einen Tag legten, an dem eWa mal wieder in Deutschland war.

---

18 Ewa ist die polnische Variante des Namens Eva. Das große „W" stellt sicher, dass es nicht als „Eva" ausgesprochen wird und ihre osteuropäische Herkunft besser gewürdigt wird.

Beim Lesen von eWas Lebenslauf empfand ich ehrlicherweise einen Anflug von Neid: Sie hat all die Länder bereist und Aktivitäten unternommen, von denen ich bisher fast nur geträumt habe! Mir lief das Wasser im Munde zusammen, als ich ihre Erlebnisse aus Indien, Australien, Mexiko, Guatemala, Honduras, den USA und aus vielen weiteren tollen Ländern las.

Ruth: Nach einem Tag Arbeit zu dritt war klar: Ihre Wunschzielgruppe sind Menschen wie sie selbst, weltoffen und reiseinteressiert. eWa hat sich ihren Traum verwirklicht. Nach 20 Jahren im internationalen Festival-Business ist sie in ein Häuschen im Regenwald an der Küste der philippinischen Insel Luzon gezogen – mit ihrem zweijährigen Sohn. „Geht nicht" gibt es nicht. Alleine die Möglichkeiten, an welchen Orten Kunden mit eWa arbeiten können, klingen wie die Inhaltsangabe der Zeitschrift GEO.

Tanja: eWa zeigt ganz authentisch, wie man auch mit Familie im Ausland gut leben und arbeiten kann. Für ihre Kundengewinnung und -bindung nutzt sie eine Art Newsletter, der monatlich bei LinkedIn erscheint, und unterbreitet über diesen Weg bewusst und geschickt auch immer wieder ihr Angebot zum Thema. Dabei sieht man sie oft an ihrem ungewöhnlichen „Arbeits-"Platz:

Ruth: Für mich sind diese Artikel immer wie ein erfrischender Regenguss. Zuletzt konnte ich beispielsweise lesen: „How to fix a broken umbrella in The Philippines … or why the context of a situation defines life in Asia". Ich liebe eWas humorvolle Schreibe und kann aus jedem Artikel etwas in den Alltag mitnehmen.

8.2 Was wir von Coachingausbildern lernen können

TANJA: Schweren Herzens lösen wir uns nun von dem warmen Klima der tropischen Insel und kommen in das etwas kältere Wetter nach Deutschland. Wir interviewten zwei namhafte Coachingausbilder und wollten von ihnen wissen, welche Rolle das Thema Positionierung heutzutage in den Coachingausbildungen spielt. Wir starten direkt mit meinen Ausbilder Oliver:

8.2.1 Interview mit dem Coachingausbilder Oliver Müller

„Löst die Marketingblockaden in der Zeit der Coachingausbildung."

	Oliver Müller (Bonn)
Stecknadel-Positionierung:	Coachingausbilder, Autor und Inhaber von *change concepts*
Hauptzielgruppe:	angehende Coachs
Website:	↗ http://change-concepts.de

TANJA: Oliver, ich bin mir sicher, dass ich damals keine Fragen zum Thema Positionierung gestellt habe. Wie verhält sich das neun Jahre später mit deinen heutigen Teilnehmern? Ist das schon innerhalb der Ausbildung ein Thema? Oder sprichst du das Thema an?

OLIVER MÜLLER: Manche Teilnehmer haben schon bei der Anmeldung eine Idee von einer Positionierung. Die Regel ist aber eher, dass die angehenden Coachs im Bezug auf das Thema „Vermarktung" recht unsicher sind, und sich fragen, ob man heute als Coach überhaupt noch eine Chance auf dem Markt hat. Wir arbeiten in der Ausbildung dann einen ganzen Tag lang an diesem Thema und empfehlen dringend, sich hier klar aufzustellen.

TANJA: Wie siehst du die Entwicklung generell? Immer mehr Coachs werden ausgebildet, es gibt aber auch unglaublich viele Menschen, die sich Coach nennen und die du sicher nicht so bezeichnen würdest … Und auch sie werden jeden Tag mehr. Ruth sagt immer, Vordenker wie Daniel H. Pink und Alain de Botton würden den Bereich persönliche Weiterentwicklung, Gesundheit und Wohlbefinden weiter wachsen sehen – und das im Gegensatz zu den meisten anderen Märkten. Wie siehst du das?

OLIVER MÜLLER: Natürlich ist die Zahl der Teilnehmer an Coach-Ausbildungen in den letzten zehn bis 15 Jahren deutlich gestiegen. Eine Coach-Schwemme sehe ich allerdings nicht. Tatsächlich macht sich ja nur ein Bruchteil der Absolventen später als Coach selbstständig. Viele nutzen die Ausbildung als Zusatzqualifikation in ihrer Arbeit als Führungskraft, Personaler oder in anderen Bereichen. Viele Menschen machen die Ausbildung auch einfach nur, um etwas für sich selbst zu tun und sich persönlich weiterzuentwickeln.

Was den Markt angeht, sehe ich hier eher eine Konsolidierung. Es ist inzwischen weitgehend Konsens zwischen den Akteuren, was professionelles Coaching ist, und dies wird auch nach außen sichtbar. Und daneben gibt es eben immer mehr den Trend, dass beratende Berufe (vom Fitness-Trainer bis zum Marketing-Berater) mit Coaching-Elementen angereichert werden. Dagegen spricht ja auch gar nichts, im Gegenteil.

TANJA: Wenn du die von dir ausgebildeten Coachs aus den letzten zehn Ausbildungsjahren gedanklich vorbeiziehen lässt: Kannst du bestätigen, dass diejenigen mit Positionierung erfolgreich(er) sind?

OLIVER MÜLLER: Auf jeden Fall, das zeigt sich ganz deutlich unter meinen Absolventen. Ich würde da sogar noch weitergehen: Es sind diejenigen, die sich klar als Experten für eine bestimmte Nische positionieren und professionell agieren, die erfolgreich im Markt Fuß fassen und gut vom Coaching leben können. Diejenigen, die als Feld-, Wald- und Wiesen-Coach mit dem Bauchladen herumrennen, aus Angst, einen Auftrag zu verpassen, posaunen nach ein paar Monaten oder Jahren den Glaubenssatz aus: „Vom Coaching kann man nicht leben!"

TANJA: Da kann ich dir nur zustimmen! Kommen wir nun zu dir. Es gibt ja mittlerweile auch sehr viele Coaching-Ausbilder. Wie sieht es denn bei change concepts mit der Positionierung aus?

OLIVER MÜLLER: Ich denke schon, dass wir klar positioniert sind: Wir stehen in erster Linie für die Themen Qualität und Professionalität. Ich habe den Deutschen Coaching Verband e.V. (DCV) initiiert und mit gegründet und engagiere mich seitdem stark für Qualitätssicherung und Professionalisierung in unserer Branche. Weil ich da konsequent bin, ecke ich auch immer mal wieder an. Ich stehe aber dazu, weil ich davon überzeugt bin. Und das kaufen mir die Leute letztendlich auch ab.

Natürlich ist es eine beständige Aufgabe, diese Entwicklung weiter voranzutreiben. Insofern folge ich nicht nur Standards, sondern setze auch welche. Es macht sogar Spaß, wenn man den Erfolg sieht, auch wenn es manchmal quälend sein kann, wenn meine Marketing-Professionals immer wieder nachhaken ☺.

TANJA: Ich glaube, er meint uns! Kannst du unseren Lesern noch einen Tipp geben, was sie bei diesem Thema innerhalb der Ausbildungszeit im eigenen Interesse tun können?

OLIVER MÜLLER: Es ist absolut empfehlenswert, die inneren Blockaden zu lösen, bevor man sich selbstständig macht. Dafür kann man besonders gut diese Themen für die Live-Demos oder in den Übungscoachings nutzen.

RUTH: Kommen wir zu einem weiteren Ausbilder, der seit unserem letzten Buch zum absoluten Superstar mutiert ist:

8.2.2 Interview mit „Gesichterleser" und Medien-Star Dirk W. Eilert

„Positionierung ist wichtiger als Marketingmittel."

	Dirk W. Eilert (Berlin)
Stricknadel-Positionierung – aus Kundensicht:	Ausbilder, Trainer, Speaker und Autor für das Thema Mimikresonanz und Inhaber der Eilert-Akademie
Zielgruppe für „Nadel 1": Eilert-Akademie	■ Coachs, die effektiver mit den Emotionen ihrer Klienten arbeiten wollen – sei es zur Lösung von Blockaden oder zur Ressourcenstärkung ■ Trainer, die ihr Angebotsportfolio durch ein Seminarkonzept zur Förderung der emotionalen Intelligenz ergänzen wollen
Website:	↗ http://www.eilert-akademie.de
Zielgruppe für „Nadel 2": Personenmarke „Dirk W. Eilert – der Gesichterleser"	Menschen, die lernen wollen, präzise zu erkennen, wie sich ihr Gegenüber fühlt
Website:	↗ http://www.gesichterleser.de
Roter-Faden-Positionierung – eigene Sicht	Das Verbindende hinter seinem Tun sind Emotionen bzw. emotionale Intelligenz.

RUTH: Es gibt nur wenige Coaching-Ausbilder, die noch länger am Markt sind als Dirk. Mich würde interessieren, wie die „Marketing-Rampensau" unseres ersten Buches zum Thema Positionierung steht. In der Zwischenzeit ist er geradezu zum Superstar in Funk und Fernsehen mutiert, und von diesen Erfahrungen können wir nur profitieren.

Dirk, wann ist das Thema Positionierung für dich wichtig geworden?

DIRK W. EILERT: Sehr früh! Was mich schon immer in meinem Leben fasziniert hat, waren Experten. Sei es im Fernsehen z. B. die fiktive Figur des Doktor House oder im wahren Leben ein Arzt, Jurist, Lehrer oder irgendjemand anderes, der ein bestimmtes Wissensgebiet richtig durchdrungen hat. Deswegen lag es für mich immer nahe, mich zu spezialisieren, denn dies ist die einzige Möglichkeit, ein Thema maximal zu durchdringen. Ich bin dann durch ein Hörbuch von Alexander Christiani zum Thema Expertenpositionierung gekommen und habe mich auch mit der Engpasskonzentrierten Strategie (EKS) beschäftigt. Für mich gab es da gar keinen anderen Weg und es war mir immer klar: Ich möchte Experte sein für ein bestimmtes Thema.

RUTH: Aber wofür? Wie viel hast du dafür getan? Oder hat sich das organisch entwickelt?

DIRK W. EILERT: Ich habe mich ein wenig tragen lassen, bin dabei aber immer meinem Herzen gefolgt und dem, was mir Spaß macht. Als ich mich 2001 selbstständig machte, habe ich in den Firmenseminaren fast alles trainiert, es gab kein Thema, das ich nicht bedient hätte. Das ist im Rückblick genau richtig gewesen, denn so habe ich mir einen breiten Kompetenzfundus angeeignet. Aber die Idee, sich klar zu positionieren, war immer da und hat sich stetig weiterentwickelt. Wichtig ist aus meiner Sicht: Bei der Positionierung kann man nicht einfach danach gehen, wo gerade das meiste Geld zu holen ist, sondern man muss seinem Herzen folgen: Woran habe ich Spaß? Was erfüllt mich? Und da galt es für mich einfach, eine Menge auszuprobieren.

Als ich dann 2005 mit dem Thema Mimik in Kontakt kam, hatte ich sofort das Gefühl: Das ist es! Das Thema faszinierte mich und ich begann, mich da mehr und mehr reinzuarbeiten. Parallel dazu liefen bei mir die Themen wingwave und auch Emotionscoaching. Und das ist ja auch die Schnittstelle, denn beim wingwave geht es um die Regulation stressender Emotionen, aber auch darum, genau zu erkennen, an welcher Stelle es emotional beim Klienten eine Blockade gibt. Dabei hilft nicht nur der Muskeltest, den wir im wingwave einsetzen, sondern auch der klare und präzise Blick in die Mimik des Klienten.

Das Ganze hat sich dann Stück für Stück weiterentwickelt, ich weiß noch – und meine Frau auch: Immer wenn wir irgendwo spazieren gegangen sind und ich leere Räume entdeckte, bin ich stehen geblieben und habe geschaut. In mir wuchs mehr und mehr der Wunsch, eigene Räume zu haben. Ich wollte meine Trainings in einer eigenen Akademie geben.

RUTH: Du wolltest also gar nicht der berühmte Dirk W. Eilert werden, sondern bist einfach deinem Herzen gefolgt! Wie siehst du den Coaching-Markt, ist da noch Musik drin?

DIRK W. EILERT: Ja, definitiv. Gerade das Thema Emotionscoaching ist in der heutigen Zeit unschätzbar wichtig. Das ist eine Dienstleistung mit täglich wachsendem Bedarf. Eine Ausbildung in Emotionscoaching kann eigentlich jeder brauchen. Der eine setzt sie eher beim Lösen von Ängsten ein, der andere beim Abnehmen. Jeder kann jedem helfen und man muss nicht mehr lange argumentieren, wie effektiv Coaching ist. Jeder würde die Vorteile kennen und im wahrsten Sinne des Wortes begreifen – somit würde die Nachfrage nach Coaching sogar noch mehr wachsen. Hier ist ein Riesenmarkt, der noch lange nicht erschöpft ist. Und was ich auch erlebe: Viele machen eine Coaching-Ausbildung, um einfach was für sich zu tun.

RUTH: Das erlebt Oliver Müller genauso. Ist Positionierung für dich in der Ausbildung auch ein Thema?

DIRK W. EILERT: Das ist für mich absolut ein Thema. In jeden zweiten Satz lasse ich das einfließen – ich lebe es ja auch vor. Ich bin überzeugt, dass die meisten Coachs sich viel zu viele Gedanken über Marketingmittel machen, aber den viel wichtigeren Schritt, der vorher kommen muss, vernachlässigen: die absolut klare und konsequente Positionierung. Deswegen ist dieses Buch gefühlt der erste Teil, ohne den euer Buch „Coach, your Marketing" sinnlos ist. Was bringt mir ein voll getanktes Auto mit einem leistungsstarken Motor (das entspricht dem Coaching-Know-how und den Marketingmitteln), wenn ich nicht weiß, wo ich hin will (das ist die Positionierung, also die Frage: Was ist mein Ziel? Wie möchte ich vom Markt wahrgenommen werden?)?

RUTH: Ich gebe dir völlig recht. Eigentlich haben wir die Bücher in der falschen Reihenfolge geschrieben ☺. Wir waren der Ansicht, dass es zum Thema Positionierung eigentlich schon genug Literatur gibt und Tanja war für das Thema anfänglich eh nicht zu begeistern. Aber im Alltag erlebten wir einfach immer mehr, dass der Transfer aus den anderen Büchern – warum auch immer – nicht stattfindet. Und die Professionalisierung, die wir gerade erleben, die erreicht den Markt doch erst seit zwei bis drei Jahren so richtig.

DIRK W. EILERT: Auch ich erlebe es in der Praxis immer wieder, wie schwer es den meisten Coachs und Trainern fällt, sich zu positionieren. Wenn ich davon erzähle, nicken meist alle und eigentlich versteht es auch jeder. Aber viele haben dann doch Ängste oder Zweifel: Was ist, wenn ich mich falsch positioniere? Gehen mir durch eine Positionierung nicht potenzielle Klienten verloren? Was ist die richtige Positionierung für mich? Das sind einige der Fragen, an denen viele scheitern – selten rational, oft emotional. Und ich glaube, man braucht Erfahrung und einen Blick dafür, um eine gute Positionierung zu erkennen und weiterzuentwickeln. Was ich merke ist, dass ich mit jemandem eine Stunde rede und danach steht die Richtung der Positionierung. Aber dafür habe ich eigentlich nicht die Zeit, das kann ich nicht mit jedem Teilnehmer machen. Das ist ja nicht mein Hauptjob. Ich mache das eher aus Leidenschaft.

In der Entwicklung der Positionierung gibt es einen wichtigen Unterschied: Wenn ich als *Trainer* unterwegs bin, dann muss ich aus meiner Sicht nicht der Experte für das Thema sein. Eine Firma beispielsweise wählt einen Trainer aus, der auf die *Zielgruppe* spezialisiert ist.

Wenn ich als *Keynote-Speaker* unterwegs bin oder wenn ich an unserer Akademie die *Ausbildung* zum Mimikresonanz-Trainer anbiete – ich rede jetzt nicht von Seminaren für Endverbraucher –, dann ist eine Positionierung als *Experte für mein Thema* unerlässlich.

Diese Unterschiede sind wirklich spannend, weil sie direkte Konsequenzen für die Marketingarbeit haben. Was muss ich als Trainer machen, um mich zu positionieren und meine Seminare zu verkaufen? Aus meiner Erfahrung: Die Seminare in unserer Akademie waren ausgebucht, ohne dass ich einen einzigen Presseartikel geschrieben oder einen einzigen Medienauftritt hatte.

Wenn es aber darum geht, eine Trainerausbildung zu füllen oder Vorträge vor größerem Publikum zu halten, brauche ich eine höhere Aufmerksamkeit – und zwar als Experte für das Thema, nicht für die Zielgruppe. Da benötige ich wirklich die volle Medienpräsenz, und zwar über einen längeren Zeitraum hinweg.

Viele denken: Wenn ich einmal im Radio bin, wenn ich einmal einen Artikel dazu veröffentliche – dann ist das Seminar voll. Das passiert nicht! Sie verwechseln Akquise und PR. Akquise heißt: Ich mache das Seminar voll. PR heißt: Ich sorge dafür, dass mich die Leute kennen.

RUTH: Da bist du natürlich auch eine Ausnahme: Gefragter Ausbilder auf der einen Seite, aber auch in der Elefantenrunde nach der Bundestagswahl haben wir dich schon als Experten gesehen. Dein Thema Mimikresonanz ist in aller Munde und in vielen Bücherregalen. Als Keynote-Speaker bist du da natürlich auch gefragt …

DIRK W. EILERT: Im Speaker-Markt finde ich die Entwicklung übrigens teilweise ziemlich schräg! Manchmal denke ich: Das was früher der Strukturvertrieb war, ist heute der Speaker-Markt! Viele denken: „Hier kann ich das große Geld machen!" Im Sinne von: „Hauptsache auf die Bühne, obwohl ich eigentlich nichts zu sagen habe, kein Experte bin." Dann lassen sie sich von einem Ghost-Writer ein Buch schreiben mit dünnem Inhalt, um einfach nur Kohle zu scheffeln. Diese Entwicklung finde ich äußerst bedenklich. Meiner Meinung nach wächst eine Rednerkarriere Stück für Stück: Ich bin als Coach oder Trainer tätig, baue mir mein Business auf, werde dann – weil ich mich auf ein Thema fokussiere – über die Jahre zum Experten. Durch den Expertenstatus bekomme ich automatisch Presseanfragen – vorausgesetzt das Thema liefert einen Mehrwert für ein genügend großes Zielpublikum – und dann kommen irgendwann Anfragen für Vorträge. Das ist für mich der normale und vor allem gesunde Weg. Deswegen gilt für mich: Experte wird man nicht über Nacht. Das braucht Zeit, Geduld und harte Arbeit.

RUTH: Das passt zu unseren Erfahrungen. Auch viele Coachs wollen als Speaker Geld verdienen, möglichst bald. Wir merken, dass Kunden, die bei dir waren, auch ganz klar wünschen, positioniert zu sein. Sie verstehen das, aber dann kommen die persönlichen Baustellen. Zudem machen viele Leute Positionierungsarbeit – du ja auch! Du hast nach einer Stunde raus, was die Leute machen sollten. Ich brauche dafür etwas länger, dafür gibt es bei mir dieses Alleinstellungsmerkmal der Umsetzungsphase, die ich mit meinen Kunden gemeinsam in Angriff nehme.

DIRK W. EILERT: Ich glaube nicht, dass ich schneller bin als du ☺. Ich bewege mich damit ja nur in meinem Kreis, wenn ich jemanden aus der Mimikresonanz-Trainerausbildung oder wingwave-Ausbildung vor mir habe. Wo ich natürlich sofort überlege, wie die Person das einsetzen kann, weil ich die Methoden kenne und den Menschen.

RUTH: Ja, manchmal ist es ganz einfach. Auch ich habe gelegentlich, wenn ich die Unterlagen sehe, eine Idee, was derjenige machen könnte. Aber ich stelle auch immer wieder fest, dass Leute nach dem Ausstieg aus dem gelernten Job gerne in einem Bereich arbeiten wollen, der oft (noch) schmerzhaft ist.

DIRK W. EILERT: Oh ja, definitiv. Die Aussöhnung mit der eigenen Vergangenheit.

RUTH: Ja, das ist eine der Hauptblockaden, die ich bei Kunden immer wieder erlebe. „Ich könnte das eigentlich, bin super dafür geeignet." Aber das „Super" bleibt oft im Hals stecken. Hast du eine Idee, was den Leuten hierbei – außer der fehlenden Aussöhnung mit der Vergangenheit – noch den Hals abschnürt?

DIRK W. EILERT: Oft ist es die Angst, bestimmte Aufträge nicht mehr zu bekommen! Oder am Anfang nicht genug Aufträge zu haben. Die meisten Coachs haben deshalb die Tendenz, die Zielgruppe größer statt kleiner zu machen. Ich sage immer: Bei der Homepage muss es eigentlich so sein, dass jemand, der nicht zu meiner Zielgruppe gehört, nach spätestens zwei Sekunden wieder weg ist. Wenn jemand zu meiner Zielgruppe gehört, muss er natürlich draufbleiben.

Für eine konsequente Positionierung brauche ich Vertrauen, dass ich die Zielgruppe erreiche und davon leben kann. Und davor haben viele Angst! Die sagen sich: „Ich mache es lieber für alle", weil dann nichts verloren geht. Ich sage jetzt aber nicht: „Geh' über die Angst hinweg!" Jede Emotion hat eine wichtige Funktion. In Angst steckt zum Beispiel die Kompetenz für Sicherheit. Im konkreten Fall hieße das: „Was kann ich tun, um meine Positionierung abzusichern?" Zum Beispiel durch Marktbefragungen, bevor ich mit einer Positionierung rausgehe. Das Motto ist also: Die eigenen Emotionen nutzen, anstatt sie zu bekämpfen.

Ruth: Das ist clever. Sonst sage ich vielleicht aus lauter Angst: „Dann mache ich es lieber für niemanden."

Dirk W. Eilert: Ja genau, anders funktioniert es nicht. Wenn ich aber die Herausforderungen bewältigt habe, eröffnet sich mir eine wunderbare Welt, in der ein Marketing-Sog entsteht. Neue Kunden rufen von alleine an. Das liegt zum Beispiel am „Stallgeruch", der durch eine Positionierung über die Zeit entsteht. Mein Motto ist hier: Jeder Tag außerhalb meiner Zielgruppe verwässert meine Kompetenz. Ich muss wissen, wo der Schuh drückt, wo ich ansetzen kann. Damit die Leute sich verstanden fühlen und sagen: „Ja, das brauche ich." Auf dieser Basis kann sich dann das eigene Angebot stetig weiterentwickeln. Das sorgt dafür, dass der Experte dem Allrounder überlegen ist.

Hier gilt es nicht in Methoden, sondern in Mehrwerten zu denken. Nehmen wir an, ein Coach ist auf Auftrittscoaching spezialisiert. Dann stellt sich die Frage: Wie kann dieser Coach seinen Mehrwert für seine Zielgruppe stetig erweitern? Das heißt, er bildet sich fort, lernt neue Methoden, nicht um der Methode willen, sondern um den Mehrwert für seine Kunden sukzessive zu erhöhen und so zur absoluten Nummer 1 in seiner Zielgruppe zu werden, zum Zielgruppen-„Besitzer".

Ruth: Du sprichst mir aus dem Herzen! Um dieses verbindende Moment zu schaffen, um herauszukriegen, welche Methoden benutze ich am besten, um meine Kunden um die Herzenswunschgruppe abzuholen. Und wie setze ich das um? Das braucht auch Zeit.

Dirk W. Eilert: Ja, das ist auch ein wichtiger Punkt. Ich sage immer: Drei bis vier Jahre dranbleiben, konsequent die Botschaft in den Markt rufen. Wenn ich vier Jahre als Coach mit einer Spezialisierung gearbeitet habe, dann gewinne ich von alleine Kunden dazu. Sonst mache ich irgendetwas falsch.

Ruth: In was für Gesichter schaust du, wenn du das in der Ausbildung sagst?

Dirk W. Eilert: Am häufigsten kommt etwas wie: „Ich will das aber jetzt!" oder: „Wie kann ich bis dahin überleben?"

Ruth: Man gewinnt ja auch unterdessen schon Kunden … in der Umsetzungsphase.

Dirk W. Eilert: Richtig, wenn ich drei bis vier Jahre sage, meine ich damit: Dann ist der Punkt erreicht, wo die Kunden alleine auf einen zukommen.

RUTH: Die Umsetzung beginnt bei mir, wenn die Leute hier rausgehen. Dann sind die schon hoch aufgeladen, und meistens haben wir das Glück, dass sich dann ziemlich schnell erste Erfolge zeigen.

DIRK W. EILERT: Und dann gilt: dranbleiben! Ich kann nur eines sagen: 2012 hat beispielsweise Margarete Stöcker …

RUTH: … die bereits im Kapitel 5.2 vorgestellt wurde …

DIRK W. EILERT: … bei uns die Ausbildung zur Mimikresonanz-Trainerin gemacht. Sie hat sich mit ihrem Angebot konsequent auf die Zielbranche Pflege ausgerichtet. Es hat ein bisschen gedauert, bis der Markt die Botschaft aufgenommen und darauf reagiert hat, aber dann ist der Knoten geplatzt. Allein von Januar bis Juni 2015 hatte sie schon über 100 Teilnehmer weitergebildet! Nur in Mimikresonanz! Zusätzlich zu ihren anderen Seminaren.

RUTH: Oh, Wahnsinn. Tolles Beispiel. Aber ich stelle fest, dass die Leute nicht den Mut oder die Geduld mitbringen, um diese Zeit auszuhalten. Aber warten heißt ja nicht, dass man keine Kunden bedient, sondern bedeutet einfach: zielstrebig in eine Richtung.

DIRK W. EILERT: Ich muss Interesse für meine Zielgruppe haben und mich mehr und mehr reinarbeiten, bis es wirklich stimmig ist. Es geht ja nicht nur darum, die Zielgruppe zu bedienen, sondern auch, dass ich der Beste für diese Zielgruppe bin, der ich sein kann. Und bin ich einmal der Beste am Markt, der die Probleme der Zielgruppe am besten, am schnellsten löst, dann kann ich auch ganz andere Preise aufrufen. Das kommt ja auch dazu: dass der Spezialist immer mehr Geld verdient als der Generalist. Manche sagen da ganz schnell: „Ja, ich bin jetzt spezialisiert auf …" – und morgen ist die Zielgruppe wieder eine andere. Spezialist werde ich aber nur, wenn ich mich mit einer Zielgruppe auseinandersetze, und da brauche ich genau die drei bis vier Jahre, bis ich wirklich drin bin.

RUTH: Das spricht natürlich auch wieder ganz stark dafür, sich eine Zielgruppe zu suchen, an der man Spaß hat. Sonst hat man vielleicht nach zwei Jahren schon keine Lust mehr.

DIRK W. EILERT: Hier gibt es für mich zwei Schlüsselfragen:
1. Habe ich Spaß daran, mit dieser Zielgruppe und diesem Thema zu arbeiten?
2. Gibt die Zielgruppe finanziell genug her, sodass ich auch wirtschaftlich überleben kann?

RUTH: Die Gefahr, dass jemand sich so spitz positioniert, dass es die Zielgruppe wirtschaftlich nicht bringt, die ist sehr gering!

DIRK W. EILERT: Das sehe ich auch so. Ich kann mir natürlich eine Zielgruppe suchen, die zwar die wirtschaftliche Kraft hat, aber nicht willens ist, an etwas zu arbeiten, also das Problem gar nicht sieht. Die Frage ist auch, wie viel Arbeit kann / will ich leisten? Eine lohnenswerte Frage ist also: Renne ich da vielleicht gegen Windmühlen an?

RUTH: Don Quijote der Coachs! Das ist ein verdammt harter Job. Und macht garantiert nicht lange Freude. Von Lust mag ich gar nicht sprechen …

DIRK W. EILERT: Ja, Freude muss da sein. Ich bin auch nicht ständig online, aber ich habe einfach Lust, mir juckt es in den Fingern. Wenn ich das Thema Mimikresonanz irgendwo entdecke, dann handle ich. Ich erkunde das Leben einfach, ich lerne ganz viel im Alltag, nehmen wir als Beispiel gestern Abend: Ich sitze bei „Hans im Glück", esse Burger, da ruft meine Frau an und sagt: „Du, Radio Fritz hätte gerne eine Analyse zu Merkel und dem Blogger LeFloid." Ich war erst um 23.30 Uhr zu Hause und morgens um 7.00 Uhr war schon das Interview dazu. Weil es mir Spaß macht. Weil ich Lust darauf habe. Dadurch geht man immer tiefer ins Thema. Wenn ich darauf spezialisiert bin, muss ich Lust darauf haben. Mein Herz muss meine Positionierung lieben. Dann geht vieles wie von Geisterhand.

RUTH: Da sind wir bei etwas, das ich dich eh fragen wollte. Du bekommst ja zu Hauf Anfragen, die außergewöhnlich sind. Gibt es da einen „Liebling"?

DIRK W. EILERT: Ja, definitv. Die Bachelorette, mitsamt Liebes-Code, Flirt und Partnerschaft. Am Mittwoch war ich bei RTL und habe die Folge vor allen anderen gesehen, um sie zu analysieren. Ich lag bei den beiden ersten Staffeln nach der ersten Folge mit meiner Einschätzung des Gewinners bzw. der Gewinnerin richtig.

Ein bisschen hinter die Kulissen schauen können, das macht Spaß. Die Szenen zu analysieren ist für mich einfach Genuss pur. Ich habe Spaß an der Pressearbeit, letztendlich macht es die Abwechslung: ob nun Bachelorette, HSV-Vorsitzender oder Kanzleramt. Ein netter Nebeneffekt ist, dass mich die Presse zunehmend auf aktuelle Themen stößt!

TANJA: Im Tierreich werden Alphatiere besonders häufig von der Konkurrenz herausgefordert. Dies Phänomen ist auch bei uns Menschen wohl bekannt … Deshalb fällt es unserem nächsten Interviewpartner sicherlich leicht, für seine Spezialisierung genug Kunden zu finden, denn sein Credo ist: „Führen ohne Feinde". Er geht das Thema Positionierung extrem strategisch an und öffnet uns ganz exklusiv seinen Erfahrungsschatz, aus dem sich jeder Leser etwas mitnehmen kann!

8.3 Auch Trainer brauchen Trainer. Interview mit dem Top-Trainer Al Weckert

„Die Kraft anderer Experten nutzen – und selbst immer besser werden."

Al Weckert (Berlin)	
Stecknadel-Positionierung:	Trainer, Speaker und Autor zum Thema: „Führen ohne Feinde: Wie das Training der Empathiefähigkeit die Bewältigung von Konflikten, Teamarbeit und Veränderungsdruck ermöglicht"
Haupt-Zielgruppe:	Mitarbeiter und Führungskräfte
Website:	↗ http://www.empathie.com

RUTH: Gut gebuchte Trainer verkaufen Seminare und Workshops gleich mehrfach. Das ist vergleichbar mit einem lang laufenden Bühnenstück, egal ob Theater, Oper oder Musical. Es gilt, immer gut zu performen, jedes einzelne Mal und möglichst immer besser zu werden. Doch im Gegensatz zu Bühnendarstellern können Trainer auch Inhalte und Struktur stets vorantreiben. Mir erscheint dabei enorm wichtig, dass sie wirklich für ihr Thema brennen, sonst könnte ihnen schnell langweilig werden – und die Trainings beliebig.

Al, du bist der Trainer für Empathie in Unternehmen. Im zweiten Satz fällt dann zu dir oft der Begriff GFK (Gewaltfreie Kommunikation). Wie kamst du dazu?

AL WECKERT: Wie die Jungfrau zum Kinde. Ich bin Volkswirt und habe die ganze Zeit gedacht: „So wie es in der Wirtschaft zugeht, da finde ich meine Werte oft nicht wieder." Ich habe aber nicht gewusst, was ich als Alternative groß einbringen könnte. Und dann habe ich Kinder bekommen. Als unsere erste Tochter vier war, bin ich mit meinem erzieherischen Know-how, das ich von meinen Eltern hatte, nicht mehr weitergekommen. Ich komme noch aus einer Generation, da wurde man in den Keller gesperrt, wenn man frech war, und solche Geschichten. Das wollte ich nicht weitergeben, habe aber gemerkt, dass die Fragen jetzt komplizierter werden.

Mit meiner natürlichen Liebe – das Kind auf den Arm nehmen, rumtragen, durch den Park spazieren – ließen sich nicht mehr alle Fragen beantworten, die jetzt kamen. Damals habe ich nach einem alternativen Kommunikationskonzept gesucht und dann im Internet Marshall Rosenberg gefunden: „Alles, was Menschen tun, tun sie aus Bedürfnissen heraus." Da habe ich erst einmal mit den Ohren geschlackert. Mir war das zu dem Zeitpunkt überhaupt nicht klar. Das Wort Bedürfnis habe ich erst durch Rosenberg in seiner ganzen Bedeutung verstanden.

Bei mir hat sich danach ein Defragmentierungsprozess im Kopf eingestellt. Viele Glaubenssätze, die ich von meinen Eltern mitbekommen hatte, konnte ich loslassen. Ich sagte mir: „O.k., jetzt möchte ich aber wissen, was das alles mit meinem Leben zu tun hat." Und nachdem ich mich weiter mit dem Thema beschäftigt hatte, beschloss ich: Ich nehme keinen einzigen Auftrag mehr an, bei dem es nicht um das Thema Empathie geht. Das Thema ist einfach zu interessant und wichtig.

TANJA: Dies kann man auch schön an Als „Wappentier", der Giraffe, erkennen. In der Gewaltfreien Kommunikation ist sie ein Symbol für empathische Kommunikation.

RUTH: Seither hat sich eine Menge getan bei dir. So scheinbar zufällig, wie du zum Thema gekommen bist, so wenig überlässt du den Alltag und die zukünftige Gestaltung dem Zufall. Du hast einen Strategieprozess genutzt, um dein Geschäft auf eine neue Ebene zu katapultieren. Ausschlaggebend war für dich ein Thema, das viele Trainer kennen.

AL WECKERT: Nachdem ich mich mit meinem Thema selbstständig gemacht hatte, war ich sofort erfolgreich, von null auf hundert. Die großen Aufträge kamen zu mir ohne Akquise. Aber ich habe gemerkt: Wenn ich das Einkommen pro Tag erhöhen will – das heißt, Tage sind der limitierende Faktor –, dann kann ich nicht mehr die Aufträge, so wie sie kommen, einfach abarbeiten. Ich muss an neue Kunden herangehen, die mehr Geld in der Hand haben – und die sind deutlich schwieriger zu erreichen. Und weil ich im letzten Jahr beschlossen hatte, meinen (nicht schlechten) Tagessatz zu erhöhen, brauchte es den Strategieprozess.

Der Strategieprozess hat mein Leben und meine ganze Denkweise total verändert. Im Grunde genommen habe ich das gemacht, was ich eigentlich schon seit 20 Jahren weiß, aber nie getan habe. Und jetzt kann ich eigentlich nur sagen: Danke, danke, danke, dass ich das gemacht habe. So ein Vorgehen würde ich jedem empfehlen, der so unterwegs ist, wie ich es bin.

RUTH: Und wie ist das jetzt konkret, wie beeinflusst der Prozess deinen Alltag?

AL WECKERT: Ich habe mir eine Art „Sklaventreiber" geholt, eine Person, die aus der Wirtschaft kommt und in der Wirtschaft arbeitet. In Abständen von zwei Wochen coacht er mich und vereinbart mit mir Aufgaben, die dann abgearbeitet werden. Hier im Büro steht eine Stellwand mit strategischen Zielen, operativen Zielen, und dann gibt es noch eine Spalte für ganz kleinteilige Aufgaben. Und das arbeite ich konsequent ab.

Ich sage immer „Sklaventreiber", weil ich die Leute provozieren will, die ich vor mir habe. Ich bin ja viel im Bereich der Gewaltfreien Kommunikation unterwegs, und da ist es total verpönt, von Sklaven zu sprechen. Da will man mit gutem Recht wertschätzend miteinander umgehen. Dazu sage ich allerdings: Ich bin ein Drückeberger, so wie viele Menschen. Wenn ich etwas Unangenehmes vor mir habe, dann drücke ich mich am liebsten davor. Ich mache etwas Leichteres oder ein Projekt, das so lange dauert, dass ich zu der unangenehmeren Arbeit nicht mehr komme. Aber so kann ich nicht zum gewünschten Erfolg kommen.

Mit anderen Worten: Ich brauche jemanden, der mich „peitscht", weil ich weiß, ich drücke mich sonst. Und weil ich festgestellt habe: Wenn ich jemanden habe, der mich peitscht, dann gehen die Dinge voran. Und der darf mich auch ganz ehrlich kritisieren. Ich brauche keine Leute, die sich bei mir beliebt machen wollen. Ich brauche ehrliches, offenes Feedback. Und das gibt mit der „Sklaventreiber". Er hat eine Carte blanche, mir die Meinung zu sagen. Und er bringt mich dazu, Dinge zu tun, die mir nicht in den Kram passen: Ich schreibe Texte neu, die nicht klar genug sind; ich formuliere Angebote um, die nicht überzeugend genug sind. Ich höre einfach auf ihn, weil er Ahnung hat. Ich habe zwar auch Ahnung, aber ich bin ja befangen.

RUTH: Klingt gut, aber auch echt anstrengend. Wie hast du die passenden Berater für dich gefunden? Das ist ja auch ein Thema, das mich umtreibt, dass ich immer wieder feststellen muss, dass sich mein Klientel nicht gerne beraten und coachen lässt.

AL WECKERT: Ja, das stimmt mit meiner Beobachtung zu 100 % überein. Aber vor zwei, drei Jahren war ich so frustriert über einige Dinge und habe mir deshalb gesagt: „Jetzt hole ich mir Berater in mein Leben." Ich habe einen Personal Trainer im Bereich Gesundheit, einen anderen im Bereich Psychohygiene (ich arbeite ja sehr viel mit Konflikten), ich habe einen Gitarrenlehrer. Ich habe wirklich einen ganzen Stab von Beratern. Ich habe auch einen Finanzcoach, der mich in wichtigen finanziellen Dingen berät. Und ich habe gemerkt: Seitdem ich das mache, geht es in allen Prozessen rasant vorwärts.

Ich glaube, das ist eine Art gesellschaftlicher Neurose: Man weiß, man muss etwas ändern und ist sich trotzdem zu fein dafür, sich helfen zu lassen. Aber nur die Leute, die tatsächlich etwas ändern, kommen sprunghaft voran.

Natürlich gibt es noch die Frage: Wie finde ich unter den ganzen Angeboten im Internet jemanden, der geeignet ist für mein Problem? Das hat auch mir einiges an Kopfzerbrechen bereitet und meine Lösung dafür ist: Sofort losgehen, sich Leute empfehlen lassen und mit ihnen Termine machen. Hast du spontan das Gefühl, „Das wird was", eine zweite Sitzung machen. Hast du spontan das Gefühl: „Ich bin mir nur zu 50 % sicher, dass das was wird", fallen lassen und den nächsten Termin mit jemand anderem machen. Und das machst du so lange, bis du jemanden hast, der dir hilft. Es gibt viele Scharlatane und man muss aussortieren. Aber wenn du die ganze Zeit nur darüber nachdenkst, wer der Richtige sein könnte – dann geht es nie los. Es gibt nur Trial and Error. Und zwar mit Tempo.

RUTH: Ich glaube, das ist ein super Ratschlag für alle, die noch überlegen oder noch unsicher sind – wo auch immer die Blockade ist. Vielleicht liegt es ja am Geld.

AL WECKERT: Der nächste Rat lautet: Wenn ich Geld für einen Berater in die Hand nehmen muss, überlege ich mir: Wie viel mehr will ich verdienen, worin will ich durch seine Beratung besser werden?

Sagen wir mal, ich will im Jahr 100.000 Euro mehr verdienen. Ich frage also: „Was wäre mir wert, dass ich 100.00 Euro mehr verdienen kann?" Sagen wir mal, es wäre mir 20.000 Euro wert. Unterm Strich blieben mir ja noch 80.000 Euro mehr und die 20.000 kann ich auch noch von der Steuer abziehen.

Woher aber bekomme ich zu Anfang die 20.000 Euro? Auch dafür gibt es eine Lösung, denn man bekommt sehr schnell einen Verbraucherkredit.

Wie viele Stunden Beratung bekomme ich nun für diese 20.000 Euro? Setzen wir mal deinen Beratersatz an: 160 Euro. Bei 20.000 Euro kommen wir also auf 140 Stunden. Wenn man das durchrechnet, kann man sich von mehreren Beratern in etwa vier bis sechs Jahre coachen lassen. Und das, um im ersten Jahr 100.000 Euro mehr zu verdienen. Wer das Geschäft nicht eingeht, der kann nicht rechnen.

RUTH: Ja, wir handeln längst nicht immer rational! Aber es geht auch umgekehrt. Ich habe für mich gelernt, dass ich bei der Entscheidung für oder gegen einen Berater oder Coach einfach mehr auf meinen Bauch hören sollte.

AL WECKERT: Dazu noch ein wichtiger Rat für Leute, die sich auf so etwas einlassen. Sie sollten sich mal ganz nüchtern überlegen: „Auch wenn ich gerne alles selbst mache – wie viel Zeit kostet das, welche Ressourcen braucht das?" Ich kalkuliere für mich jeden Tag: Wie viel Zeit brauche ich für eine Aufgabe und was könnte ich in der Zeit verdienen? Ein Beispiel: Meine Tochter meinte, ich könne besser aussehen, wenn ich oben in den Schultern ein wenig breiter wäre. Ich dachte: „Ja, stimmt eigentlich, sie spricht gerade etwas an, was ich seit Jahren so empfinde. Ich würde gerne oben ein bisschen breiter sein, um eine bessere Figur zu machen." Doch wie machen? Fitnessstudio? Da ging bei mir sofort die Energie weg: Das kostet mich Wegstrecke – und ich habe eh keine Zeit. Außerdem sind da diese ganzen Geräte … Das ist alles so kompliziert.

Ich habe dann herausgefunden, dass in der Nachbarstraße ein Personal Trainer wohnt. Den habe ich angerufen und einen Tag später war der da und hat mit mir ein individuelles Workout zusammengestellt und mich gefragt, wie viel Zeit ich habe, und das Training genau an meine Möglichkeiten angepasst. Dann hat er alles, was wir gemacht haben, auf Video aufgenommen und mir abends zugespielt als Datei. Und weil das Workout so genau für mich passt, mache ich es seitdem auch. Ich habe keine Zeitverluste, kann dabei laut Musik hören – und sehe jetzt besser aus. ☺ Es funktioniert. Als ich ein paar Leuten davon erzählte, haben die alle gesagt: „Was, du leistest dir einen Personal Trainer? Das ist doch viel zu teuer, warum gehst du nicht ins Fitnessstudio?" Und da sage ich nur: Was funktioniert, ist für mich die erste Kategorie und die zweite Kategorie ist: Kann ich es mir leisten? Ich schaue also erst, ob etwas funktioniert, und danach erst, wie teuer es ist.

Im Endeffekt habe ich eine Menge Geld gespart: Der Trainer ist einmal gekommen, um die ersten Übungen abzustimmen. In drei Monaten kommt er noch mal, um neue Übungen abzustimmen, damit es nicht langweilig wird. Im Vergleich zum Fitnessstudio kostet mich das nicht viel.

RUTH: Ich glaube, du bist mit dem, was du tust, ob Fitness oder GFK-Trainings, immer leidenschaftlich bei der Sache. Weil du konsequent und gut bist (zu dir selbst und auch in deinen Trainings), siehst du natürlich auch relativ schnell Erfolge. Gibt es trotzdem noch etwas, was dich in diesem Positionierungsprozess besonders berührt hat? Etwas, das ganz speziell war und das es nicht geben würde, wenn du nicht da wärest, wo du bist?

AL WECKERT: Ja! Gerade vor einer Woche ist mir durch den Kopf geschossen, dass ich, im Gegensatz zu vielen anderen, nicht das Gefühl habe: „Ich muss hier irgendwas machen", sondern: „Ich kann oder darf hier irgendwas machen". Und wie gut, wie schön, dass das so bei mir ist. Und dann habe ich mir überlegt, was wohl wäre, wenn alle Leute so empfinden würden. Ob es möglich wäre, dass alle nur noch tun, was echt Spaß macht. Aber ob ich dann noch alles im Internet bestellen könnte, auch Dinge, deren Herstellung möglicherweise überhaupt keinen Spaß machen kann? Ich weiß es nicht. Aber du weißt schon, worauf ich hinaus will. So, wie ich mich jetzt positioniert habe, mit diesem Spezialthema, das tue ich aus Leidenschaft. Das macht mir einfach Spaß.

Das heißt noch lange nicht, dass ich jeden Morgen gerne aufstehe. Wenn ich abends unterwegs war, dann ist es für mich eine Qual, früh raus zu müssen. Aber das Arbeiten mit den Menschen an ihren Themen und das Entwickeln immer wirksamerer Trainingskonzepte ergibt für mich einfach Sinn und macht mir wahnsinnig viel Freude.

RUTH: Die Freude an der Arbeit ist uns allen wichtig, aber viele empfinden das noch als „Luxus-Gefühl". Bei unserem abschließenden Beispiel kommt das Gefühl sogar im Slogan vor …

8.4 „Ich mache Musiker wieder glücklich." Interview mit Mona Köppen, einer als Stecknadel positionierten Scannerin

„Wenn Kunden aus der Zielgruppe kommen, ist alles einfach perfekt."

	Mona Köppen, Wallertheim / Rheinhessen
Stecknadel-Positionierung:	Coach für Musiker mit Lampenfieber, Auftrittsangst, Blockaden und Selbstzweifeln
Haupt-Zielgruppe:	Musiker (Profis und ambitionierte Laien)
Website:	↗ http://www.ichbinmusik.de

RUTH: „Ich kann mich einfach nicht festlegen" (tiefer Seufzer der Klientin). „Ruth, ich habe was auf der Startseite geändert! Ich weiß, das habe ich letzte und vorletzte Woche auch getan. Aber mir ist da noch was Tolles eingefallen." Tiefer Seufzer von mir, aber alles wird gut – ich habe nur einfach eine Scannerin vor mir.

TANJA: Spätestens seit den populären Büchern von Barbara Sher[19] ist der Begriff „Scanner" nicht mehr wegzudenken – sie werden auch Viel- oder Multibegabte genannt oder Universalisten. Apropos „oder": Das ist ein Wort, bei dem Scanner Allergien bekommen – sie lieben das „Und". Was zeichnet diese Menschen sonst noch aus? Sie sind überaus neugierig auf alles, unendlich wissbegierig, mit vielen Themen auf einmal unterwegs, sehr begeisterungsfähig und meist ziemlich „schnell im Kopf". Sie bringen viele Ideen und oft auch mannigfaltige Talente mit, langweilen sich dafür aber auch extrem schnell. Der Unterschied zu den von uns beschriebenen Patchwork-Decken ist, dass sie nicht alle ihre Interessen auch gleich beruflich nutzen.

---

19 Neben Barbara Sher hat sich in Deutschland Anne Heintze einen Namen gemacht: ↗ http://scanner-persoenlichkeit.de.

Ruth: Für mich ist „Scanner-Sein" eher ein Mindset und die Patchworkdecke eine Form der Positionierung. Logisch, dass ihnen eine Festlegung in Form einer Positionierung erst einmal gar nicht schmeckt. Aber gerade diese Menschen brauchen das, was Tanja Peters den „inneren Kompass" nennt. Eine Ausrichtung, die sie einnordet, egal wo sie gerade stehen oder welche Entscheidung ansteht. Nur, wie funktioniert das bei Menschen, die sich schon im Alltag oft nicht zwischen all den spannenden Dingen entscheiden können?

Tanja: Viele Scanner berichten, dass sie sich im Berufsleben oft selbst im Weg stehen oder einfach keine Karriere machen. Ich denke, gerade in der Selbstständigkeit liegen für sie große Chancen, aber auch Risiken. Die Gefahr ist groß, dass sie sich verzetteln und von außen nicht oder nur sehr schemenhaft wahrgenommen werden. Auch ihnen selbst fehlt dann oft die Klarheit – und sie können nur sehr schlecht kommunizieren, was sie als Coach oder Trainer denn eigentlich tun.

Ruth: Die erste zahlende Klientin für meinen Positionierungs-Prozess war und ist Scannerin. Für mich war so klar, dass ich es mit einer Scanner-Persönlichkeit zu tun habe, dass ich die Klientin gar nicht darauf ansprach. Dabei hatte sie überhaupt nicht auf dem Schirm, dass es Scanner gibt und sie einer sein könnte. Erst als wir das festmachen konnten, war sie zunächst sehr erleichtert und dann ist viel in Bewegung geraten.

Tanja: Für viele Scanner ist es schon befreiend, wenn sie feststellen, dass sie nicht alleine sind, dass es vielen Menschen ähnlich geht. Dass sie weder krank noch behindert sind, sondern in vielfacher Hinsicht großartig. „Was machst denn du nun schon wieder?", ist eine Frage, die Scanner sehr oft hören müssen – vielleicht einfach zu oft.

Ruth: Sicher ist das auch bei meiner Klientin Mona Köppen so. Ich fasse einmal kurz zusammen: Instrumentenmacherin, Therapeutin, Musikerin, Badminton-Spielerin und begnadete Dekorateurin. Verlegerin, Bloggerin – und schon morgen vermutlich noch viel mehr. Dennoch hat Mona den Weg zu einer spitzen Positionierung auf sich genommen …

Mona Köppen: Es war schwierig weil, ich nicht wusste, ob ich mir selbst den Markt abgrabe. Schließlich hatte ich schon mit der alten „Positionierung" Klienten in der Praxis, nicht viele, aber immerhin. Aber es gab eine Stimme, die mir sagte: „Das ist schon alles richtig so mit den Musikern."

Doch im Laufe des Prozesses habe ich irgendwie mein Herz verloren, weil ich mir nicht erlaubt habe, die anderen Dinge auszuleben. Jeder hat mir gesagt, ich soll mich fokussieren, und zudem ist es mir schwergefallen, alle hochgezogenen Augenbrauen zu ignorieren, wenn ich spirituelle Methoden mit anbieten wollte.

Ruth: Ja, da war garantiert auch ich dabei – und habe die Augen gerollt!

Mona Köppen: Und ob! Dabei ist das mein Ursprung! Das Kartenlesen war bei mir der Ursprung für alles, was dann kam, inklusive der Therapeuten-Ausbildung und dem Coaching. Das jetzt einfach zu negieren erwies sich als nicht stimmig und bekam mir gar nicht. Darum mache ich jetzt einfach, was ich für richtig halte, und ich habe bisher nicht den Eindruck, dass sich Musiker davon abschrecken lassen! Wenn die Zielgruppe da ist, fühlt es sich super gut an – richtig und leicht. Bis man da selbst klar ist, ist es ein ganz langer Prozess, in dem man arbeiten muss. Erst einmal muss man gucken, was man selbst will. Und was mir wirklich wichtig ist, erkenne ich jetzt erst (auch mit dem Scanner-Dasein).

Ruth: Welche Auswirkungen hatte die Festlegung denn letztendlich für dich?

Mona Köppen: Am Anfang kamen so gut wie keine Klienten. Mittlerweile hat sich das geändert, aber es bleibt sehr unbeständig. Aber trotzdem ist es richtig, was ich tue. Und wenn das nicht klappt, dann mache ich was ganz anderes. Man benötigt genügend finanziellen Spielraum, um die Zeit durchzustehen. Es dauert und ist nicht einfach. Aber wenn jemand kommt, ist es geil. Aber manchmal kommt halt keiner!

Das Berührendste war: Der „gebackene Wunschkunde" stand plötzlich vor mir, einfach Hammer! Genau wie ich ihn beschrieben habe. Da sind mir echt die Tränen gekommen! Diejenigen, denen ich helfen kann, gibt es da draußen. Das fand ich so überwältigend, das fühlte sich so leicht an. Auch in Kommunikation zu sein und zu bleiben, das ist ganz leicht. Und der hat auch gleich das große Paket gebucht. Wenn sie so weit sind, dann ist alles richtig. Und meine Arbeit perfekt.

9. | Wie schnell zeigt sich der Erfolg der Positionierung?

TANJA: Wie schnell sich eine Positionierung als erfolgreich erweist, lässt sich nicht pauschal beantworten. Ein bedeutendes Moment zeigt sich jedoch sehr schnell – und allein das ist bereits ein Erfolg: Nach erfolgter Positionierung kann jeder Coach oder Trainer eindeutig sagen, was er beruflich macht. Auf die Frage nach der Ausrichtung gibt es eine klare Antwort, und sie wird nicht mehr mit Schulterzucken und voller Unbehagen vorgebracht, sondern wohlgelaunt, ganz in sich ruhend und von sich überzeugt.

RUTH: Der Effekt dieser klaren Vorstellung ist großartig. Die Klarheit, die da zum Ausdruck kommt, zeugt von einer professionellen Haltung und macht Sie als Person greifbar. Das ist eine unabdingbare Voraussetzung für interessierte, neugierige Nachfragen und Aufträge! Hierzu möchte ich noch mal Frau Trittmann zu Wort kommen lassen. Sie erinnern sich, sie arbeitet als Coach für die Juristen und hat diesen Effekt so schön geschildert:

EVA BETTINA TRITTMANN: Wenn ich in einer Gruppe von 20 Leuten erzähle, was ich mache, dann sind einer oder zwei aufmerksam dabei (die Juristen) und die anderen sind dann ganz weg. Das hat mich ehrlich gesagt schon gestört. Das finde ich auch bei Freunden schwierig. Da kommt nicht einmal die interessierte Frage: „Was ist denn für Juristen anders?"

RUTH: Aber immerhin kommt und bleibt die Zielgruppe und eine klare Reaktion wird ausgelöst. Natürlich kann es dann sein, dass sich die Hälfte der Leute gelangweilt oder genervt abwendet. Aber die andere Hälfte ist die, die zählt, und so zeigt sich auch, dass überhaupt eine Positionierung, ein klarer Standpunkt vorhanden ist.

EVA BETTINA TRITTMANN: Wobei … Ganz interessant ist: Circa 30 % meiner Klienten sind gar keine Juristen! Und die haben das mit der Zuspitzung gar nicht bemerkt, obwohl sie alles auf meiner Website komplett gelesen haben.

RUTH: Ich glaube, das liegt daran, dass diese Auftraggeber einfach so nah an den Juristen sind, dass sie Ihre Ansprache, Ihr Wording und den gesamten Auftritt als kongruent erachten und die Juristerei einfach überlesen. Ein schönes Beispiel für die Schaufenster-Geschichte, aber einmal andersherum. Das Stück im Fenster ist so attraktiv und wirkt passend, dass das genaue Umfeld erst gar nicht untersucht wird.

TANJA: Eine Reaktion auf den Außenauftritt ist besser als gar keine Reaktion. Und das ist etwas, das die meisten Coachs gerne verdrängen, wenn bei ihnen die Angst überwiegt und sie eine Positionierung deswegen gar nicht angehen. Was hindert Sie wirklich? Was haben Sie zu verlieren? Eine florierende Coaching-Praxis wird es kaum sein – sonst hätten Sie dieses Buch wahrscheinlich gar nicht in Händen. Ein paar Kunden kommen so oder so (weiter) in Ihre Praxis, schon aus alten Empfehlungen. Und für den Rest gilt: Eine Positionierung bringt mehr Kunden, als dass sie sie abhält. Und sie bringt mehr Geld pro Auftrag und ein angenehmeres Arbeiten. Wie der Weg von der Arbeit an der Positionierung bis zum Erfolg aussieht oder andauert, schildern wir an den beiden sehr unterschiedlichen Beispielen Mona Köppen und Tanja Peters.

RUTH: Mona Köppen, unsere Scannerin (Multitalent), die Musiker glücklich macht, hat sicher eine sehr einzigartige Stellung im Coaching-Markt inne. Seit etwa 18 Monaten ist sie jetzt mit ihrem Stecknadel-Profil sichtbar, und es war und ist kein einfacher Weg für sie. Der Erfolg im Sinne von „davon kann ich leben" lässt noch auf sich warten. Wenn allerdings ein Kunde kommt, dann ist es einfach großartig für sie und auch für den Geldbeutel.

MONA KÖPPEN: Wenn die Zielgruppe da ist, fühlt es sich super gut an, so richtig und auch leicht. Einfach alles passt.

RUTH: Sie stellt auch fest, dass die Musiker, wenn sie denn kommen, es mit ganzem Herzen tun und ohne Zaudern. Sie buchen dann keine einzelnen Stunden, sondern nutzen Monas Angebot, eine kleine Auszeit in der Pfalz zu nehmen und diese mit Coaching (und Musizieren!) zu verbinden. Das führt zu restlos begeisterten Kunden, die eine Empfehlung nach der anderen aussprechen.

In der Zwischenzeit ist es natürlich frustrierend, auf die Herzenskunden zu warten, und hier kommt Mona glücklicherweise ihr Scanner-Dasein zugute. Sie wird sich kaum langweilen, probiert für ihre Zielgruppe immer neue Sachen aus, die ihr Spaß bereiten, und kann sich dort kreativ austoben. So startete sie eine „Musiker-Challenge" mit weiteren Experten für das Thema, designte Magnetstifte mit ihrem Logo für besseren Halt am Notenständer und bietet eigene CDs an.

Was ihre Zielgruppe angeht, ist Mona sehr klar geworden. Ich möchte sie gerne noch einmal zu Wort kommen lassen.

MONA KÖPPEN: Ich musste quasi Ende 30 werden, um zu wissen: Was muss in meiner Arbeit vorkommen, damit sie für mich einen Sinn ergibt? Beim gemeinsamen Analysieren der Website kamen wir an den Punkt, dass auch ihr mir gesagt habt: „Du solltest was mit Musikern machen!" Und so fing ich an, mich damit auseinanderzusetzen. Den Gedanken fand ich schon cool, aber die Zielgruppe kam mir so klein vor. Das Problem war: Bereits ein halbes Jahr zuvor hatte ich den Gedanken, habe aber dann die Website wieder zurückgeändert. Ich wollte mich auch nicht unglaubwürdig machen. Und ich dachte, das Thema Angst (mein Thema in der Zwischenzeit und natürlich keine Positionierung) schlägt eine Brücke zu den Musikern. Und das ist nach wie vor meine Meinung, auch seitdem ich bei dir (Ruth) war: Wenn das jetzt nicht funktioniert dann haue ich in den Sack, dann höre ich auf. Dahinter gehe ich nicht mehr zurück. Dann mache ich etwas ganz anderes.

RUTH: Mona Köppen und Dirk W. Eilert sind sich einig: Es kann dauern – aber es lohnt sich. Dirk sagt in seinen Seminaren gerne, dass es drei bis fünf Jahre dauern kann, bis eine Positionierung ausreichend Früchte trägt. Ich sehe das gerne etwas optimistischer und wir zeigen auch gleich, dass es durchaus viel schneller gehen kann. Wichtig ist, das sagt auch Mona Köppen ganz klar: Man benötigt genug finanziellen Spielraum, um die Durststrecke durchzustehen.

Bei Tanja Peters, der Mutberaterin, fing der Erfolg an dem Tag an, an dem ihre Positionierung zutage gefördert wurde. Das war wirklich krass. Tanja saß noch bei mir am Tisch, als ein Anruf kam, den sie erst einmal auf die Mailbox laufen ließ. Im Nachhinein erfuhren wir, dass es ein großer, verlockender Auftrag war, der ihr bereits auf dem Anrufbeantworter quasi versprochen wurde. Sie sollte Interims-Managerin werden, und das hätte sich für sie finanziell wirklich gelohnt. Aber …

TANJA PETERS: Also, du kennst die Geschichte schon. An unserem Workshop-Tag im Positionierungs-Prozess hat mein erster großer Kunde angerufen, und du hast ja immer gesagt: „Der hätte auch sonst angerufen." Aber die Art und Weise, wie ich geantwortet habe, war nur möglich, weil ich gerade zum ersten Mal positioniert war. Mir war nun klar: Jetzt gibt es hier eine ganz deutliche Ansage, sonst passt das nicht zu dem, was ich gerade entwickle: „Interim mache ich nicht, ich bin Beraterin und das ist mein Tagessatz. Du (der Kunde) brauchst etwas ganz anderes." Das hätte ich sonst nicht so formuliert.

Es war mein erster großer Auftrag und ich habe den Kunden ein Jahr begleiten dürfen. Das hat auch sofort für den Return-on-Invest gesorgt, das heißt, der Positionierungs-Prozess war über die Kundenaufträge dann auch ganz schnell bezahlt.

Bei den Einzelcoachings hat es noch ein wenig länger gedauert, bis aus vereinzelten Terminen mehr wurden. Bis das so richtig gut gelaufen ist, sind sechs Monate vergangen.

RUTH: Mir läuft es immer noch kalt den Rücken runter, wenn ich daran denke, wie Tanja Peters mir die Story des ersten Kundenanrufes zur neuen Positionierung erzählt hat. Allerdings erlebe ich das immer wieder. In dem Moment, wo sich der Kunde in Richtung Positionierung bewegt, bewegt sich alles andere mit, und oft ergeben sich Anfragen oder Aufträge, mit denen vorher überhaupt nicht zu rechnen war. Ich liebe diese Momente!

TANJA: Es gibt dazu ein sehr passendes, buddhistisches Sprichwort: „Wenn der Schüler bereit ist, erscheint der Meister." In diesem Sinne: Wenn die Positionierung klar (und auch außen ersichtlich) ist, kommt auch der passende Kunde.

10. | Zuklappen und anfangen: die nächsten Schritte

RUTH: Wie Sie sehen, kann es mit dem sichtbaren Erfolg etwas dauern. Das heißt aber auch: Je eher Sie damit anfangen, desto früher ernten Sie die Früchte Ihrer Erfolge.

TANJA: Aber die Mühe lohnt sich. Nicht nur für Ihren Beruf, sondern für Ihr Leben. Glauben Sie mir!

RUTH: Und das von dir! *Vor* meinem Positionierungs-Prozess hätte ich echt nicht erwartet, dass ich ein solches Hohelied auf die Positionierung mal aus deinem Munde zu hören bekomme …

TANJA: Mich hat diese innere Klarheit überzeugt, zu verstehen: Was ist eigentlich der tiefere Sinn hinter meinem Tun? – Wollen Sie das auch? Oh – Sie haben das Buch schon zugeklappt und sind nicht mehr zu bremsen? Ach wie schön, dann lesen Sie zwar diese Zeilen jetzt nicht mehr, aber wir freuen uns sehr, wenn wir Sie zu diesem Schritt animieren konnten.

Falls Sie sich jetzt, am Ende unseres Buches, immer noch fragen, wie es für Sie weitergehen könnte, möchten wir Ihnen mit dieser Checkliste ermöglichen, alle Schritte auf einem Blick zu sehen und Ihren aktuellen Stand festzuhalten. Und noch wichtiger: die nächsten Schritte besser zu planen!

Checkliste „Startklar":
- ❐ Ich habe erkannt, wie ich für meine Kunden auffindbar werde (Kapitel 1).
- ❐ Ich habe nachverfolgt, auf welchen Wegen Kunden zu mir kommen (Kapitel 1).
- ❐ Meine typischen Gedanken zum Thema Positionierung habe ich erkannt und hinterfragt (Kapitel 2).
- ❐ Meine Fähigkeiten (Lebenslauf und Lektionen) habe ich aufgeschrieben (Kapitel 3).
- ❐ Ich habe meine sechs wichtigsten Motivatoren herausgearbeitet (Kapitel 3).
- ❐ Meiner Berufung bin ich nähergekommen durch die Übung „Welche Spuren möchte ich hinterlassen?" (Kapitel 3)
- ❐ Meiner Berufung bin ich nähergekommen durch die Übung: „Meine Vorbilder" (Kapitel 3).
- ❐ Meiner Berufung bin ich nähergekommen durch die Übung: „Der Aufmacher sind Sie" (Kapitel 3).

❐ Die Übung, Rollen mit Inhalten zu füllen und auszudünnen, habe ich durchgeführt (Kapitel 3).

❐ Ich habe einen kurzen Satz für meine Berufung gefunden (Kapitel 3).

❐ Ich habe den eigenen „Coach Positioning Circle" erstellt (Kapitel 3).

❐ Die passende Positionierung habe ich mithilfe der Logischen Ebenen gespürt (Kapitel 4).

❐ Bei zu viel Auswahl: Ich habe die Übung „Tetralemma Aufstellung" durchgeführt (Kapitel 4).

❐ Ich habe meinen Glaubenssatz-Klassiker erkannt *und ausgeräumt* (Kapitel 4).

❐ Ich habe meine passende Art der Positionierung gefunden (Steck- oder Stricknadel, Roter Faden oder Patchworkdecke) (Kapitel 5).

❐ Inspirationen und eigene Ideen habe ich aus den Kapiteln 6–9 mitgenommen.

❐ Ich habe Ideen für die Umsetzung der Positionierung ins Marketing entwickelt (Dies ist nicht Teil dieses Buches. Bei Bedarf finden Sie eine Empfehlung in der Literaturliste).

RUTH: Alles abgehakt, aber trotzdem „hakts" noch bei der Umsetzung? Manchmal fehlt einfach der Blick von außen. Natürlich lassen wir Sie mit dem Buch nicht alleine. Melden Sie sich einfach!

Wir hoffen sehr, dass wir Ihnen mit unserem Buch einen guten Grund geliefert haben, weshalb sich der Weg lohnt, und auch, dass die Mühe Spaß macht. Ich selbst liebe meinen Beruf und meinen Alltag mag ich gar nicht Alltag nennen, da er immer wieder überraschende Momente und tolle Gespräche hervorbringt. Der Sonntagsnachmittagsblues, den viele Menschen kennen, gehört für mich der Vergangenheit an. Ich freue mich auf Montag! Ich freue mich aber auch auf Auszeiten und Urlaube – nur komme ich garantiert mit einer neuen Idee für „meine" Coachs und Trainer wieder.

TANJA: Und ich wüsste ohne die Positionierungs-Arbeit bis heute nicht, was mich eigentlich innerlich antreibt – und könnte dies nicht mit noch mehr Fokussierung tun. Dieses Buch ist ein weiterer Teil, der meine Arbeit so sinnhaft macht: Wenn Sie das leben und weitergeben, was Sie lieben – dann wird die Welt auch jeden Tag ein bisschen besser. Und das ist alles, was ich möchte. Neben viel Zeit für meine tolle Familie, Gesundheit, Schokolade und Austausch mit so wunderbaren Freunden wie Ruth.

RUTH: Das Schlusswort kommt mir irgendwie bekannt vor! Ich danke dir, Tanja, für dieses zweite Buch mit dir und Ihnen für das Durchhalten. Jetzt fängt es für Sie aber erst so richtig an: Legen Sie los!

Anhang

Empfehlungen

Wir lieben Bücher – und gut gemachte Blogs. Aus unserem Fundus möchten wir Ihnen gerne unsere Lieblingslinks und Bücher weitergeben. Viel Freude dabei!

Wir starten mit interessanten Links:

Statistisches Bundesamt:	↗ http://www.destatis.de
Hans-Werner Klein:	↗ http://www.databerata.de
Junfermann-Blog:	↗ http://www.blogweise.de
Blog von Ann-Marlene Henning:	↗ http://doch-noch.de/tv/
Unser Blog:	↗ http://www.coachyourmarketing.de

TANJA: Natürlich sind auch **alle Links unserer Praxisbeispiele** spannend. Diese können Sie direkt dem Steckbrief des jeweiligen Coachs entnehmen.

RUTH: Weiter geht's mit unseren ...

Literaturtipps

BAUER, JOACHIM (2006): *Warum ich fühle, was du fühlst: Intuitive Kommunikation und das Geheimnis der Spiegelneurone.* München: Heyne.

BOLLES, RICHARD N. (2009): *Durchstarten zum Traumjob: Das ultimative Handbuch für Ein-, Um- und Aufsteiger.* Frankfurt: Campus.

BRENDON, BURCHARD (2012): *Charge – Activating the 10 Human Drivers that make you feel alive.* Florence & Washington D.C: Free Press.

CHANDLER, STEVE & LITVIN, RICH (2013): *The Prosperous Coach.* Chapell Hill: Maurice Bassett.

CHAPMANN, GARY (1994): *Die fünf Sprachen der Liebe: Wie Kommunikation gelingt.* Tübingen: Francke.

CHRISTENSEN, CLAYTON M. (2012): *How to measure your life?* New York: Harper Business.

DUHIGG, CHARLES (2013): *The Power of Habit.* New York: Random House.

DWECK, CAROL S. (2002): *Mindset – The new psychology of Success.* New York: Ballantine Books.

EILERT, DIRK W. (2013): *Mimikresonanz: Gefühle sehen, Menschen verstehen.* Paderborn: Junfermann.

FERRIS, TIMOTHY (2015): *Die 4-Stunden-Woche: Mehr Zeit, mehr Geld, mehr Leben.* Berlin: Ullstein.

GROCHOWIAK, KLAUS (2008): *Die Arbeit mit Glaubenssätzen.* Darmstadt: Schirner Verlag. Kostenloser Download unter: ↗ http://www.cnlpa.de/?CNLPA-Aktion_Daten&filex=Arbeit-mit-Glaubenssaetzen.pdf

GROCHOWIAK, KLAUS (2001): *NLP und das Familien-Stellen: Zur Komplementarität zweier Therapieansätze. Ein praxisorientierter Handlungsleitfaden. Ein einzigartiges neues Therapie-Instrument aus NLP und Hellinger.* Paderborn: Junfermann.

GROCHOWIAK, KLAUS (2001): *Systemdynamische Organisationsberatung.* Heidelberg: Carl-Auer-Verlag.

HENNING, ANN-MARLENE & VON KEISER, ANIKA (2014): *Make more Love: Ein Aufklärungsbuch für Erwachsene.* Berlin: Rogner & Bernhard.

HILBRECHT, HEINZ (2013): *Meditation und Gehirn: Alte Weisheit und moderne Wissenschaft.* Stuttgart: Schattauer.

KONRAD, SANDRA (2014): *Das bleibt in der Familie: Von Liebe, Loyalität und uralten Lasten.* München: Piper.

KLEIN, STEFAN (2002): *Die Glücksformel.* Reinbek: Rowohlt.

KELLER, BERNHARD; KLEIN, HANS-WERNER & TUSCHL, STEFAN (2015): *Zukunft der Marktforschung: Entwicklungschancen in Zeiten von Social Media und Big Data.* Wiesbaden: Springer Gabler.

KLEIN, TANJA & URBAN, RUTH (2012): *Coach, your Marketing.* Paderborn: Junfermann.

KLEIN, TANJA (2016): *Mama meditiert.* Köln: YSiR-Verlag.

DALAI-LAMA (2015): *Der Appell des Dalai Lama an die Welt: Ethik ist wichtiger als Religion.* Salzburg: Benevento-Verlag.

MÜLLER, OLIVER (2012): *Training kompakt: Coach-Auswahl im Personalmanagement.* Berlin: Cornelsen. (Das Buch ist vergriffen. Restbestände sind über chance concepts direkt erhältlich.)

RUDOLPH, INA (2010): *Sommerkuss: Sieben Kurzgeschichten.* Jena: Verlag Neue Literatur.

RUDOLPH, INA (2013): *Ich will ja loslassen, doch woran halte ich mich dann fest?* München: Arkana.

RUDOLPH, INA (2015): *Auf ins fette, pralle Leben: 12 Experimente, wie man sich das Leben leichter machen kann.* München: Kösel.

SERVAN-SCHREIBER, DAVID (2006): *Die Neue Medizin der Emotionen: Stress, Angst, Depression: Gesund werden ohne Medikamente.* München: Goldmann.

SHER, BARBARA (2012): *Du musst dich nicht entscheiden, wenn du tausend Träume hast.* München: dtv.

VASEKS, THOMAS (2013): *Work-Life-Bullshit: Warum die Trennung von Arbeit und Leben in die Irre führt.* München: Riemann.

WECKERT, AL (2012): *Der Tanz auf dem Vulkan. Gewaltfreie Kommunikation & Neurobiologie in Konfliktsituationen. Das Training mit dem „roten Tuch".* Paderborn: Junfermann.

WEISS, MARTIN (2004): *Quest: Die Sehnsucht nach dem Wesentlichen.* Paderborn: Junfermann.

Kopiervorlage: der CPC-Kreis (Kapitel 3)

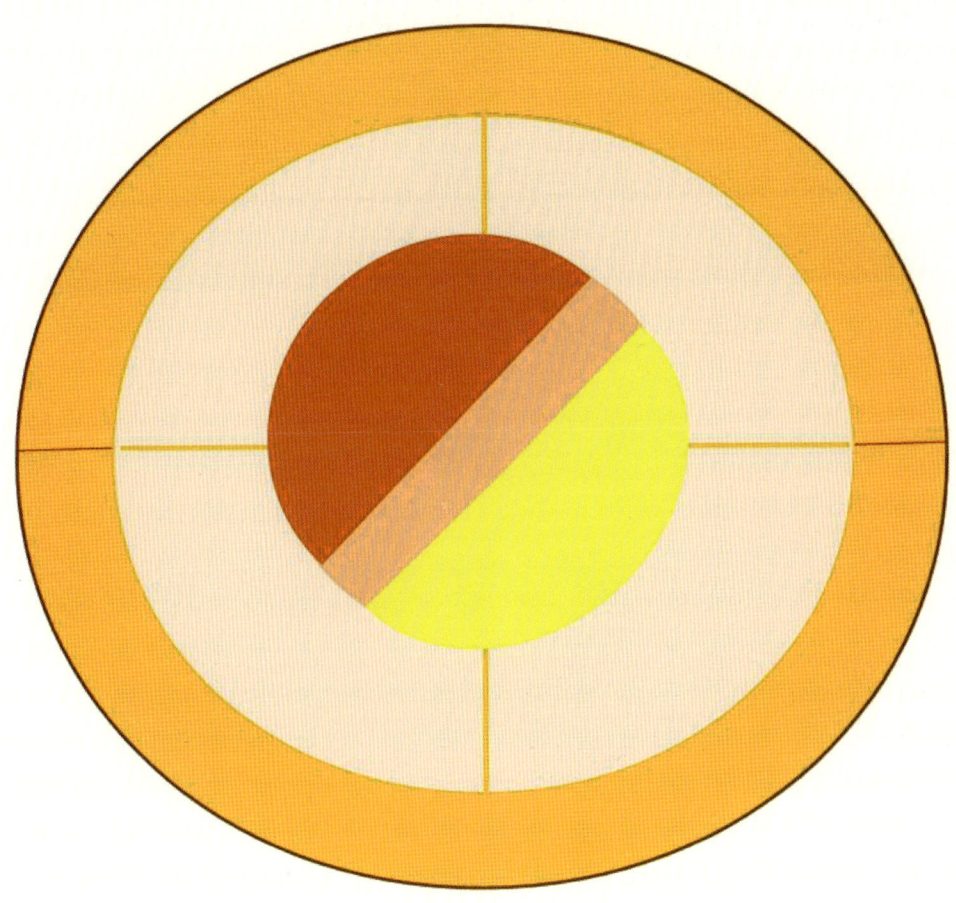

Danke

TANJA: Wer sich mit der Glücksforschung beschäftigt, weiß: Dankbarkeit gegenüber anderen auszudrücken steigert das eigene Wohlbefinden. Ein Grund mehr, dies voller Freude jetzt hier zu tun.

RUTH: Unser Dank gilt zuerst den mutigen Coachs und Trainern, die sich als Praxisbeispiele für unser Buch zur Verfügung gestellt haben (genannt in der Reihenfolge ihres „Auftritts"): Luzia Hofmann, Tanja Peters, Stephan Landsiedel, Margarete Stöcker, Frank Meinhard, Stefan Blum, Gudrun Monika Höhne, André Latz, Christoph Barthel, Ina Rudolph, Win Silvester, Martin Weiss, Dr. Ingolf Hoven, eWa Ferens, Oliver Müller, Dirk W. Eilert, Al Weckert, Mona Köppen.

TANJA: Ein herzliches Dankeschön geht auch an alle Seminarteilnehmerinnen und Coachs, die wir in den letzten Jahren begleiten durften.

Ruth und Tanja bedanken sich gemeinsam bei:

Ann-Marlene Henning für das tolle Vorwort und Anika von Keiser für die Organisation dahinter.

Christopher Rauen für die freundlichen Worte zu unserem Buch.

Tanja Peters, die sich ganz mutig und ohne Zögern als Musterbeispiel für unser Buch zu Verfügung gestellt hat. Ohne dich wäre das Jahr 2015 deutlich weniger spannend und heiter gewesen.

Unseren Interview-Partnern für ihre Zeit, ihr Engagement und freimütige Einsichten. Das war wirklich großartig!

Kerstin Huven für ihren spontanen Beitrag zum „Tortenbuffet".

Dr. Dietrich, Leiter des Junfermann-Verlags. Ohne seine Unterstützung wäre unser Buch nicht möglich gewesen.

Heike Carstensen, unserer Lektorin, für den wunderbaren Feinschliff unserer Worte.

Hawe, Tanjas Mann, für seinen Exkurs ins Mittelalter, Recherchearbeit und IT-Unterstützung.

Johanna, Tanjas Tochter für die kulinarische Unterstützung beim Buchschreiben.

Henry, Hawes Sohn und unserem „Mann" für die Technik. Ohne ihn wäre so manches Routerproblem ungelöst geblieben, und Helen, Hawes Tochter, für ihr ehrliches Cover-Feedback und die Inspiration für „veganes" Leben.

Isabel Ferreira für die großartigen Wohlfühl-Stylings für unsere Fotoshoots und Filme.

Allen Fotografen für die Rechte der abgebildeten Fotos. Besonders bei unserer Fotografin Nancy Weisse und bei Tom Wagner für seine Unterstützung im Vorfeld.

Ruth:

Früher fand ich es immer lächerlich, wenn sich – gerade die amerikanischen Fachbuch-Autoren – rührselig und scheinbar übertrieben gefühlvoll bei ihren Klienten bedankt haben. Heute bin ich dann auch so weit: Es ist mir ein Herzensanliegen, mich bei den Klienten zu bedanken, die ich auf ihrer Reise mit meinem CPC-Prozess unterstützen durfte. Ich habe so viel lernen dürfen und ihr habt mir so viel gegeben. Ich danke euch für euer Vertrauen und ganz einfach für die tolle, gemeinsame Arbeitszeit.

Mein besonderer Dank gilt den beiden Damen, die sich ohne langes Zögern und Zaudern bereit erklärt haben, die Änderungen des Prozesses für das Buch mit mir „live und in Farbe" kurzerhand zu testen. Herzlichen Dank D. und U.!

Dem eigenen Mann zu danken ist ähnlich heikel wie den eigenen Klienten. Danke, dass du mich liebst.

Ein ganz besonderer Dank geht wieder einmal nach Bonn. Danke, liebe Kleins, immer noch fallen mir keine besseren Worte ein. Danke für die Gastfreundschaft, bei der ich kein Gast bin, sondern Familienmitglied.

Wieder geht mein Dank auch an die Familien in meinem Rücken. Es ist so schön, dass ihr immer da seid (auch wenn ihr weit, weit weg seid ☺. Ich habe unverschämtes Glück mit euch!

Tamara und Thomas Detert: Ob bei unseren großen Unternehmungen oder den kleinen Alltäglichkeiten und egal auf welchem „Untergrund". Auf euch ist nicht nur immer Verlass, es ist auch immer ein großer Spaß. Danke auch dafür, dass ihr die besten „Ersatzeltern" seid, die Max sich wünschen konnte!

Für das wärmende Gefühl im Magen, dass bei mir tiefe Freundschaft (und nicht nur gutes Essen!) hervorruft, möchte ich Familie Gelderblom danken.

Tanja Peters – danke! Für dein Vertrauen, den befruchtenden Austausch und die vielen, vielen lustigen (und auch traurigen) Momente mit dir.

Nicole Weck danke ich für ihre tatkräftige Unterstützung und das Ertragen von diversen Macken.

Outdoor-Sport ist in den letzten Jahren für mich ein Garant für Ausgeglichenheit und Lebensfreude gewesen. Für ganz besondere Momente möchte ich mich – neben dem Team der Engel & Helden – bei folgenden feinen Menschen bedanken: Holger und Ina Lapp, Inga Preusser-Brandt, Daniela Mohr und Reinhold Siegel.

Es gibt noch ein einige Menschen, die beständig (teils schon Jahrzehnte) zu meinem Wohlbefinden beitragen und deren Wirken, Wissen und freundschaftliche Verbundenheit mir wichtig sind. Sie werden eher überrascht sein, sich hier wiederzufinden, aber oft gibt der Alltag eine gebührende Dankesbezeugung nicht so recht her: Gabriele Basch, Dag, Bernd Peter Dötsch, Richard Dötsch, Uli Dötsch, Peter Friedl, Freya Hattenberger, Jasmin Klein, Christoph Pie, Marion Scharmann, Denis Sever-Seni, Peter Simon.

Tanja:

Ich bedanke mich bei allen, die mich in der schweren Zeit meiner Erkrankung (und darüber hinaus) so herzerwärmend unterstützt haben. Stellvertretend sind hier für die knapp hundert Menschen die folgenden genannt:

Mein einfach unvergleichlicher (oder wie ich gerne sage „nicht repräsentativer") Mann Hawe. Ich konnte mir zu jeder Zeit sicher sein, dass du an meiner Seite bleibst. Egal, wie ich nach der OP aussehe oder ob ich eine Pflegestufe gebraucht hätte. Ich liebe Dich!

Meinem Sonnenschein-Sohn Elias. Du hast es in jeder Situation geschafft, mir ein Lächeln zu entlocken! Du bist so ein schlauer, hübscher, witziger und lebhafter Junge!

Meiner bezaubernden Tochter Johanna. Du erfreust mein Herz und ich staune jeden Tag aufs Neue über deinen Mut, dein Wissen, deine Gedanken, deinen Style. ☺

Henry und Helen, den wunderbarsten Kindern, die ich nicht selbst zur Welt bringen musste. Eure Anteilnahme an meinen Projekten freut mich sehr und zeigt mir neue Sichtweisen auf.

Meiner Mutter. Du bist in vielen Bereichen mein Vorbild (das habe ich bei der Übung aus Kapitel 3 festgestellt) und die weltbeste Oma, die ich mir für meine Kinder nur wünschen konnte. Danke für alles!!!

Dr. med. Oliver Hofmann und Prof. Dr. med. Dr. h.c. Friedrich Bootz: Vielen Dank, dass Sie beiden mir dank richtiger Diagnose und exzellenter Operation das Leben gerettet haben!

Luzia Hofmann, meiner „Hexerata": Ich danke dir für die heilsame und beruhigende energetische Begleitung während der ganzen Zeit. Auch im Namen meiner Familie.

Bettina Zeidler: Herzlichen Dank für deine liebevolle Präsenz im Krankenhaus und darüber hinaus! Es ist toll, nach so einer Operation einen Engel wie dich am Bett sitzen zu sehen.

Christina Lacatus: Ohne deine Unterstützung wären die letzten zwei bis drei Jahre viel schwerer gewesen. Ich danke dir von ganzem Herzen für dein Vertrauen und dein selbstverständliches Helfen!

Alexandra Matzke für dein positives Role-Model. Dein Beispiel hat mir sehr viel Mut gemacht.

André Latz: Du bist der tollste Onkel, den ich mir für Johanna wünschen konnte, und uns allen ein guter Freund.

Julia Augenstein, meiner Seelengefährtin: Es ist wunderbar, sich mit dir über „Gott und die Welt" austauschen zu können. Vielen Dank für deine Freundschaft und energetische Hilfe.

Anja Kiefer-Orendi für die positive Energie und dein „Da-Sein" für Hawe und mich!

Meike Statkus für deine absolut selbstlose Hilfsbereitschaft.

Julia Böcker für die herzenswarme Begleitung von Elias und Tea für die Einführung in das georgische Liedgut. Ihr beiden tut Elias Seele und Entwicklung sooooo gut.

Kim Heidrich: Ohne deine Unterstützung als Haushaltshilfe wäre ich verzweifelt. Vielen Dank für deine Liebe für die Kinder und das tolle Essen!

Christoph Klein, unserem Familienosteopathen, für die Entspannung meiner Gehirnhäute nach der OP und die einfühlsame Begleitung.

Ich bedanke mich bei meinen mittlerweile über 500 Kunden. Ihr habt mir die Treue gehalten und lieber gewartet, bis ich wieder gesund bin, als zu einen meiner vielen und auch guten Kolleg(inn)en zu gehen. Ihr habt für mich gebetet, im Hintergrund um mich gebangt und freudig wieder neue Coachingtermine gebucht, sobald es möglich war. Eure Treue und unzähligen Weiterempfehlungen sichern mir mein Leben in meinem Traum-Job! Ganz herzlichen Dank dafür!!!

Ein ganz herzliches Dankeschön geht auch an alle langjährigen Freunden für ihre Mails, Gebete, Kerzen, Gedanken und Geschenke: Andrea Kunwald, Andrea Heckelmann, Anita Tawakley, Christiane Dorn, Christiane Pastor, Gaby und Karl Haak, Ines Schulze-Schlüter, Jutta Reibold, Nicole Dietrich, Imke Keil, Melanie Moskob, Uwe Srp, Krishna Viswanathan.

Ein besonderer Dank geht neben der Crowdfunding-Plattform Startnext an Caren Wevers, Ulrike Jung und Sharon Calman für die wunderschönen Illustrationen. Ohne euch drei hätte „Mama meditiert" nie das Licht des Lebens erblickt!

Und natürlich an Elias wunderbare „Tante Ruth": Ganz herzlichen Dank, dass du mich wieder einmal zum Schreiben gebracht hast. Tausend Dank, dass du meiner Familie und mir in Zeiten der Not zu 100 % mit allem, was du zu geben hast, beigestanden bist. Du bist die beste Freundin und Kollegin und Mitautorin, die ich mir vorstellen kann!

Last but not least: Ihnen, liebe Leserin oder lieber Leser! Vielen Dank, dass Sie uns bis hierhin gefolgt sind! Wir würden uns sehr freuen, von Ihnen zu hören oder lesen!

Tanja@CoachYourMarketing.de oder Ruth@CoachYourMarketing.de

TANJA: Über eine Rezension freuen wir uns natürlich besonders! Dazu noch ein kleiner Marketingtipp aus unserem Buch „Coach, your Marketing": Schreiben Sie diese unter Ihrem Firmennamen oder Ihrem echten Vor- und Zunamen: Das verbessert Ihre Auffindbarkeit im Internet ☺.

RUTH: Ach Tanja, du kannst es wieder nicht lassen, oder? Aber du hast ja recht: Wir freuen uns über Ihr Feedback – egal über welchen Kanal.

Und jetzt: Buch zuklappen und loslegen!

Foto- und Bildnachweise

Vorwort

Foto Ann-Marlene Henning © Gunnar Meyer 2012

Kapitel 1

Foto „Hugo Hahn" © Nancy Ebert 2015
Foto Auto Luzia Hofmann © Luzia Hofmann 2015

Kapitel 2

Expertenpyramide © Ruth Urban 2015

Kapitel 3

Foto Hans-Werner Klein © Nancy Ebert 2013
Schnittmengengrafik © Tanja Klein 2015
CPC-Kreis-Grafik © Tanja Klein 2015

Kapitel 5

Foto Stecknadel © pharos – Fotolia.com
Foto Stricknadel © emberiza – Fotolia.com
Foto Roter Faden © Dori Na – Fotolia.com
Foto Patchworkdecke © Elena Kravchuk – Fotolia.com
Foto Ruth Urban © Nancy Ebert 2015
Foto Stephan Landsiedel © Steffi Bremer 2011
Foto Eva Bettina Trittmann © Farideh Diehl 2014
Foto Luzia Hofmann © Bernd Ahrens 2014
Foto Margarete Stöcker © Foto Dunke 2015
Foto Frank Meinhardt (Profil) © Bettina Volke 2013
Foto Frank Meinhard (Teambesprechung) © Michael Meudt 2014
Foto Stefan Blum © Bettina Volke 2014
Foto Gudrun Monika Höhne © Allan Richard Tobis 2013
Foto André Latz © Fotoatelier Herff, Bonn 2015
Foto Tanja Klein © Nancy Ebert 2015
Foto Tanja Peters © Ina Vaiser 2014
Foto Christoph Barthel © Nancy Ebert 2012
Foto Ina Rudolph (Profil) © Tobias Lehmann 2014

Foto Ina Rudolph (Model-Foto) © Tom Wagner 1997
Foto Ina als Patchworkdecke © Foto Stefan Noll (2), Tobias Lehmann (3), privat (7)
Foto Win Silvester © Lena Buck 2013

Kapitel 6

Foto Martin Weiss © Martina Hüllhaus, 2010
Foto Dr. Ingolf Hoven © Sebastian Daskiewicz 2015

Kapitel 8

Foto eWa Ferens (Profil) © Thies Rätzke 2014
Foto eWa Ferens (Felsen) © Thies Rätzke 2014
Foto Oliver Müller (Profil) © Nancy Ebert 2011
Foto Oliver Müller © Nancy Ebert 2011
Foto Dirk W. Eilert (Profil) © Bettina Volke 2011
Foto Dirk W. Eilert (Sprecherbild) © Günter Schilfmann 2015
Foto Al Weckert (Profil) © Bettina Volke 2014
Foto Al Weckert (mit Giraffe) © Bettina Volke 2014
Foto Mona Köppen © Pascal Kowalski 2014